家居空间设计与施工细节系列

客厅电视背景墙设计与施工

连添淳 主编

机械工业出版社
CHINA MACHINE PRESS

本书从消费者的角度出发，针对消费者关心的客厅空间，精选了几百张电视背景墙这一细部的新精彩案例，并从客厅的整体面积和装修档次上分别展示了电视背景墙的不同装修效果，以满足不同读者的参考需求。此外还加入了非常有针对性的设计知识，让广大读者不仅可以初步明确客厅各个部位的材料搭配重点和具体的造价，还能够了解不同部位装修的要点与宜忌，从而带来非常实用的装修设计参考。该书内容丰富、信息量较大、图文并茂，专业又实用，既可作为室内设计人员的参考书，又可供即将装修人群和业余爱好者赏析借鉴之用。

图书在版编目（CIP）数据

客厅电视背景墙设计与施工 / 连添淳主编 .—2 版 .—北京：机械工业出版社，2016.10（2018.4 重印）

（家居空间设计与施工细节系列）

ISBN 978-7-111-55137-9

Ⅰ.①客… Ⅱ.①连… Ⅲ.①住宅—装饰墙—室内装饰设计 Ⅳ.① TU241

中国版本图书馆 CIP 数据核字（2016）第 246328 号

机械工业出版社（北京市百万庄大街 22 号 邮政编码 100037）
策划编辑：闫云霞 责任编辑：闫云霞
责任校对：王 欣 封面设计：鞠 杨
责任印制：常天培
北京华联印刷有限公司印刷
2018 年 4 月第 2 版第 2 次印刷
185mm × 240mm · 10.25 印张 · 184 千字
标准书号：ISBN 978-7-111-55137-9
定价：45.00 元

编写人员

主编：

连添渟

参编人员：

白雅君　苏志金

张付萌　马艳霞

谷　雪　张期全

袁心蕊　席守煜

范小波　杨亚珂

前言

在现代住宅装饰中，不少人把客厅空间的装饰视为整个室内空间的重点区域。的确，客厅是整个室内空间的“脸面”，是最能体现装饰风格和主人艺术品位的地方。而在客厅空间里最具有装饰意义的莫过于电视背景墙了。因为电视背景墙是居室背景墙装饰的重点之一，在背景墙设计中占据相当重要的地位，其通常是为了弥补家居空间电视区背景墙的空旷，同时起到修饰电视区背景墙的作用。

本书从消费者的角度出发，针对消费者关心的客厅空间，精选了几百张电视背景墙这一细部的新精彩案例，并从客厅的整体面积和装修档次上分别展示了电视背景墙的不同装修效果，以满足不同读者的参考需求。此外还加入了非常有针对性的设计知识，让广大读者不仅可以初步明确客厅各个部位的材料搭配重点和具体的造价，还能够了解不同部位装修的要点与宜忌，从而获得非常实用的装修设计与施工知识。

目 录

第一章

客厅电视背景墙，怎样装修才好看

01 电视背景墙，装饰材料有哪些？

电视背景墙装修是大多数业主非常关注的问题，电视背景墙的制作有诸如做石膏板、铝塑板、涂料色彩造型、木制油漆造型、玻璃、石材造型以及贴墙纸等多种方法，而可用于装修背景墙的材料更是多种多样。下面来看看常见的电视背景墙材料。

一、油漆、艺术喷涂

油漆、艺术喷涂的原理很简单，在电视背后，采用不同的颜色形成对比，打破客厅墙面的单调。用油漆、艺术喷涂做电视背景，成本低，而且想要的任何颜色都可实现。用油漆、艺术喷涂做电视背景墙要特别注意的是，在色彩的搭配上一定要与客厅风格相协调。

二、人造文化石

人造文化石是种新型材料，是用天然石头加工而成，色彩天然，更有隔音、阻燃等特点，适用于高挑、宽敞的空间，非常适合做电视背景墙。

三、造型多变的石膏板

这一材料的特点是造型复杂，施工期长，但其千变万化的艺术造型是其他材料无可比拟的。由于它是与墙面做在一起的，一旦选用后很难再改变造型或风格。

一

四、墙纸、壁布

墙纸和壁布以其鲜艳的色彩、繁多的品种深深地吸引了人们的视线。这几年，无论是墙纸还是壁布，工艺都有了很大的进步，不仅更加环保，还有遮盖力强等优点。用他们做电视背景墙，能起到很好的点缀效果，而且施工简单，更换起来也很方便。

五、木质材料

选用木质饰画板用作电视背景墙的优点是：花色品种繁多，价格经济实惠，且不易与居室内其他木质材料发生冲突，可更好地搭配形成统一的风格，清洁起来也非常方便。

六、玻璃、金属

采用玻璃与金属材料做电视背景墙，能给居室带来很强的现代感，既美观大方，又防霉耐热，易于打理。有些消费者爱用烤漆玻璃做背景墙，对于光线不太好的房间还有增强采光的作用。

七、装饰品

在电视墙区域设置一些空间，用来摆放一些喜爱的装饰品，这样一来，选择的余地就非常大了，而且随时可以替换，简单却不失品位。但是灯光的处理要得当，用来突出局部照明的灯光不能太亮，否则会影响电视收看的效果。

八、瓷砖

目前市面开始流行起一种仿石材的瓷砖，这种瓷砖不是用来铺地的，而是用来做电视背景墙的。用瓷砖做电视背景墙是从去年开始流行起来的，一般都会将瓷砖和彩色玻璃搭配，这样的效果会更好，看起来不会显得太突兀。

用仿石材的瓷砖做电视背景墙能提升整个装修的档次，让整个电视墙看起来更明亮，而且容易搭配家具。另外，仿石材的瓷砖自身带有各种纹路，拼在墙上就好像一幅水墨画，非常好看。当然，好打理才是关键。但选用仿石材的瓷砖做电视背景墙对瓷砖的要求比较高，瓷砖需选用釉面好、亮度高、色泽光的瓷砖才能达到好的效果。如果瓷砖不够光不够亮，就会适得其反，让家里感到非常冰冷。

02 电视背景墙设计方法有哪些？

平面构成是在二维空间中将基本构成元素按照形式美法则进行排列组合的造型活动。平面构成中的形式美法则和点线面的构成方法在电视背景墙的设计中同样适用。在平面构成中，最基本的构成元素是点、线、面，在室内设计的范畴内我们认为日常生活中人们看到或感知的一切形状都可以概括为这些要素。

室内设计也可以看作是点线面的构成活动。同样的，在电视背景墙的设计中我们也可以将各种元素看作是点、线、面，在空间中将这些元素按照形式美法则组合起来就完成了电视背景墙的最初形态设计。常用的形式美法则有：重复、对称、对比、发射、特异、韵律等。

一、点

点的视觉特征是小面积、聚集和有一定的张力。例如，在一些电视背景墙设计案例中，射灯照射出的小面积光斑可以被看作是点的组合。它们以虚实交替的方式呈现。

值得注意的是，任何形式的元素组合通常都不是单独出现的。也就是说在电视背景墙的设计中通常会将一系列的元素组合使用，如：点和线的结合、线和面的结合或者是点线面的综合运用等。在设计中应根据实际情况选择合适的元素和合适的组合方式，力求呈现的视觉感受是明快的、和谐的。

二、线

在一般的住宅装饰中，被看作是“线”的元素更多一些，比如石膏角线，各种造型的线条装饰等。在电视背景墙设计中线的运用就更多了。在下图中可以看到，线的装饰功能被发挥得淋漓尽致，在形式上取得了良好统一。尽管整个墙面的装饰材料运用的较多，但是也取得了较好的装饰效果，不会觉得烦冗。

三、面

室内装饰中面的形式是多种多样的。墙，其实就是一个最具代表性的面。面与线结合使用是电视背景墙设计中最常用的手法之一，线被用来分割墙面，使之按照形式美法则排列和组合，从而起到装饰的作用。上图中的电视背景墙的设计手法就是线与面的结合，完整的平面被分割成均匀的形状和尺寸的块面，同时通过块面的色彩和高低错落呈现出良好的效果。

03 电视背景墙有哪些主题可供选择？

电视背景墙的主题风格有很多，下面来看看有哪些风格可供我们选择？

一、环保主题

以绿色环保为重点，在材料选择，布局设计，以及小的装饰和点缀上都突出绿色、健康、自然，把家设计成一个可以呼吸的生态系统，让人们在家中就能体会到投身大自然的深刻感受。

二、温情主题

以暖色系为装修主选色系，在细节上注重营造一种轻松、和谐的气氛，让居住的人们能够享受到如阳光般的温暖。

三、简约主题

以黑白两色和两者的中间色为主选色调，在设计上崇尚简洁，使房屋显得通畅、宽阔。搭配少而精的同色系家具更能体现房主的时尚追求，客厅尤其突出。

四、复古主题

以中国传统风格为基调，在细节上通过设计师的精心改造，使得整体效果更蕴涵变化，令传统风格不再显得呆板，在怀旧中体现房主与众不同的文化修养和品位，常用来衬托传统特色家具的选择和传统文化氛围的营造。

五、视听主题

以电影和音乐为主题，符合房主追求视听享受的要求，突出客厅的视听功能，在装修上运用声学原理，吸纳杂音，强调纯美音效。尤其突出电视主题墙，可以根据房主的性格爱好装饰成各种风格。这个主题强调的是达到听觉与视觉的完美结合。

六、艺术主题

把书法、绘画、雕塑等现代艺术手段运用到家装设计中，墙体选用明亮的色彩，配合色彩轻快的地砖、灯具、窗帘和家具等形成一种轻松愉悦的艺术氛围。墙体可装饰一些名画、手工艺品等点缀其上，形成一股浓郁的艺术气息。

七、异国风情主题

吸收各国的家装理念，把各国的家装风格融会贯通到中国的家装设计中，打造充满异国风情的家居环境。用墙体变化幻化出各种异国风云，凸显主人个性风格。

八、其他主题

还有目前风行的e时代主题、游戏主题等等，更多主题系列等待您的慧眼发现！

04 手把手教你打造个性突出的电视背景墙

一、悬挂字画装饰墙面

这是目前最常用的一种背景墙装饰方法，比较受偏爱中式古典人士的喜爱，在电视墙上悬挂一组字画，能充分体现主人的才情和品位，颇显雅致。而铁艺雕花、色彩优美的油画、依墙而放的电视柜，再加上点缀其间的瓷盘、古玩，能营造出典型的中式风情。

设计师解读：

一般来说，风雅型的背景墙深受中年人的喜爱，不少从事艺术类工作的人们也喜欢在电视背后悬挂各种流派的字画，而且这些装饰与室内其他地方往往都有呼应。

二、大面积墙面要混搭

如果背景墙面积较大，无论横向还是纵向，都可以充分利用，大气型的背景墙应该避免的是单调，可以用两到三种不同材料来打造，比如大理石、玻璃、实木贴面、壁布等，都是做出气势的合适材料。另外，墙面造型上可以略有层次感，寥寥几笔的勾勒就能让这面墙生动起来。

设计师解读：

背景墙做得大气跟设计手法有关，即使小户型的客厅，只要设计得当，也能做出大气的效果。这种风格一般深受单身男性的喜欢，它能反映出一种气度和心胸。

三、实用型墙面多做装饰柜

将墙面做成装饰柜的式样是当下比较流行的装饰手法，它具有收纳功能，可以敞开，也可封闭，但整个装饰柜的体积不宜太大，否则会显得厚重而拥挤。有的年轻人为了突出个性，甚至在装饰柜门上即兴涂鸦，也是一种独特的装饰手法。

设计师解读：

这种做法真的很实用，很适合小零碎或书籍较多而又没有书房的年轻人。

四、灵活搭配的饰面板

木质饰面板在装修过程中应用的非常广泛，比如门窗、橱柜、家具等，都有可能用到饰面板。目前，将它用作电视背景墙的人也越来越多了，因为它花色品种繁多，价格经济实惠。选用饰面板做背景墙，不易与居室内其他木质材料发生冲突，可更好地搭配形成统一的装修风格，清洁起来也非常方便。

设计师解读：

如果你还是觉得太单调，木饰面板上再挂一幅喜爱的字画，效果会更不错。用饰面板做电视背景墙，可选择的花色很多，完全不用担心与居室无法搭配的问题。

五、玻璃、金属装饰有现代感

还是有很多人喜欢简约、现代的装修风格，采用玻璃与金属材料做电视背景墙，能给居室带来很强的现代感，所以它也是人们常用的背景墙材料。虽然成本不是很高，不过施工难度较高。适当地镶嵌一些金属线，效果也不错。

设计师解读：

有些消费者爱用烤漆玻璃做背景墙，对于光线不太好的房间还有增强采光的作用。用玻璃做成造型，看上去极具现代感。

六、多姿多彩的墙纸、壁布

走进墙纸、壁布卖场的展示区，许多人都会被其鲜艳的色彩、漂亮的花纹深深地吸引。这几年，无论是墙纸还是壁布，加工工艺都有很大进步，不仅更加环保，还有遮盖力强的优点。用它们做电视背景墙，能起到很好的点缀效果，而且施工简单。如果你是个容易“喜新厌旧”的人，用墙纸、壁布做电视背景墙更换起来非常方便。

设计师解读：

如果怕会产生视觉疲劳，那可以选用颜色较浅的花色。把自己的结婚照或生活照用作电视背景墙，感觉也非常温馨。

七、艺术喷涂变幻万千

油漆的色彩变幻万千，一些有创意的业主巧妙地利用它的这种特性，设计出许多富有特色的电视墙。油漆、艺术喷涂的原理很简单，就是在电视背景墙后，采用不同的颜色形成对比，打破了客厅墙面的单调。

采用艺术喷涂做背景墙色彩，给人的视觉感很强。用油漆做电视背景墙要特别注意的是，在色彩的搭配上一定要注意与客厅其他局部协调。

设计师解读：

如果觉得油漆色彩太单调，无法达到审美要求，目前流行的一种艺术漆，将各种色彩的油漆混合使用，采用喷涂技术制作出各种墙面效果。

八、装饰品充当影视墙

如果看来挑去还是找不到满意的电视背景墙材料，还有一种非常灵活的方案，那就是在电视墙区域设置一些空间，可用来摆放一些自己喜爱的装饰品。这样一来，可选择的余地就非常大了，而且随时可以替换，简单却不失品位。但是特别要注意在灯光的布置上要处理得当，用来突出局部照明的灯光不能太亮。否则，可能会影响电视收看效果。

设计师解读：

决定用软装饰品点缀背景墙，装修前一定要把墙体格局设计得比较合理。经常给自己的家更换一些新饰品，能给家人带来一些新感觉。

家装小贴士：

警惕建材市场里“短斤少两”

有些油漆从表面看没有区别，可实际重量却大有差别，大包装有7升的，小包装有5升的，经销商给你看时拿出大组分，实际装车时却拿小组份，消费者这时主要精力集中在谈价给钱上，很少注意他们对产品做手脚。再如胶黏剂8千克当12千克卖、乳胶漆15升当18升卖、水泥45千克当50千克卖，或2元钱一卷的美纹纸，前半卷还基本可用，后半卷根本没有胶，等于是一卷废纸。

05 电视背景墙的色调与灯光设计

一、色彩搭配秘籍

1. 典雅优美色调

中心色为玫瑰色和淡紫色，地毯用浅玫瑰色，沙发用比地毯浓一些的玫瑰色，窗帘可选淡紫印花的，灯罩和灯杆用玫瑰色或紫色，放一些绿色的靠垫和盆栽植物点缀，墙和家具用灰白色，可取得雅致优美的效果。

2. 典雅靓丽色调

中心色为粉红色。沙发、灯罩粉红色，窗帘、靠垫用粉红印花布，地板淡茶色，墙壁奶白色，此色调适合少妇和女孩。

3. 华丽清新色调

中心色为酒红色、蓝色和金色，沙发用酒红色，地毯为暗土红色，墙面用明亮的米色，局部点缀金色，如镀金的壁灯，再加一些蓝色作为辅助，即成华丽清新格调。

4. 轻快玲珑色调

中心色为黄、橙色。地毯橙色，窗帘、床罩用黄白印花布，沙发、天花板用灰色调，加一些绿色植物衬托，气氛别致。

5. 轻柔浪漫色调

中心色为柔和的粉红色。地毯、灯罩、窗帘用红加白色调，家具白色，房间局部点缀淡蓝、有浪漫气氛。

二、灯光设计注意事项

灯光在电视背景墙的整个设计中不占有十分重要的比重。但在设计时需要注意以下几个方面。

整体光线不宜过强。因为电视本身是一个发光设备，背景墙的灯光亮度过高会让观看电视的人视线受到干扰，时间久了会引起视觉的疲劳。鉴于此我们建议电视背景墙的灯光应该以漫射灯光为主，旨在结合整个室内的装饰风格来烘托气氛。局部可以用射灯点缀但不宜过多过密。

现在住宅设计中常以简洁的灯光装饰背景墙，往往也能取得良好的效果。如仅仅使用一盏或几盏射灯照亮一个局部或一个壁龛。人们的视线很容易被吸引到灯光所照的位置，整个设计的亮点往往就在于此，如果电视背景墙只用一盏灯来照亮两块装饰墙面的中缝部分，灯光会给简洁的墙面带来不一样的虚实效果。

在设计灯光时还要注意，常选用的光源有筒灯、射灯、节能灯管、斗胆灯等。斗胆灯亮度高、散热大，在安装时候要注意与易燃材质保持距离。

家装小贴士：

插座后方也要接地线

插座最常见的是 5 孔产品，背后底盒会有接地线的孔，标示 L 的接红色火线，标示 N 的接蓝色零线，在 L 与 N 极孔中间会有一个接地的孔，就是接地线。

插座是安装好后藏在墙里的，一般不会打开验收。根据业主与设计师的悲惨经验，曾有后方“没接线”的（因为电器无法用，最后打开插座才发现根本没接线）；也有“不接地线”的，这个也是触电后，才发现的；较常见的就是“不照规定的色线接线”，插座后方全是红线或蓝黑线，造成维修时搞不清楚是谁。

所以最好在水电施工时，就到现场检查。那时插座不会固定好，可以好好看一下背后接线情形。

06 电视背景墙设计的未来流行趋势

一、太空系列

最终幻想式的幻彩浮雕、立体螺旋如同未来的迷宫传送，在浩瀚星海中漫游，在梦想太空中漫步。太空系列背景墙，为你的未来插上翅膀！

二、仿古系列

图形与角度构成了远古四大文明的图腾印记，文化的传承就是思维的基石，东西方的传说代表着不同的梦。仿古系列背景墙，为你把根留住！

三、风尚系列

最流行的就是最经典的，用国际化的品位引领潮流趋势，欧美、日韩、中国风，不同风格囊括其中，风尚系列背景墙，把流行潮流挂在你的墙上！

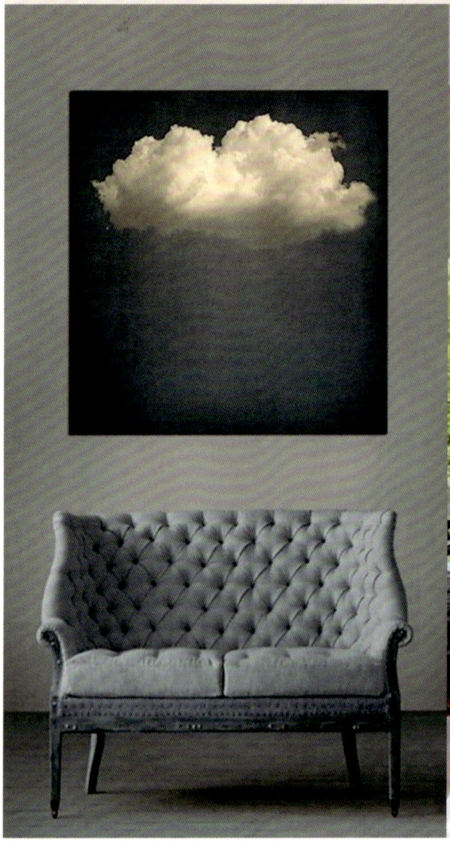

四、门萨系列

门萨取自拉丁语“圆桌”的意思，天才荟萃的门萨俱乐部，象征高智商的纹理谜题代表着创造性、知识水平、图形、数字、问答、字谜、计算、拼图、迷宫等不同的门萨测验，门萨系列背景墙，让你随时随地享受“智力冲浪”！

07 前期规划少不了

我们已经了解了许多材料都可以用于电视背景墙的装修。但是材料这么多，应该怎么选择呢？这就需要在装修前做好周全规划了。背景墙装修规划主要包括空间大小规划、装修风格规划、材料选择规划、颜色搭配规划以及背景墙造型规划这几方面。

一、背景墙空间大小规划

电视背景墙装修之前，我们应首先提前规划好电视背景墙的空间大小，空间大小直接影响到了装修视觉效果。背景墙的空间大小应该由电视的大小及放置空间的大小来决定，避免走入背景墙过大或过小的装修误区。

二、背景墙装修风格规划

电视背景墙通常是为了弥补房间中电视机背景墙面的空旷，同时起到修饰房间的作用。因此背景墙的装修需要考虑与房间整体装修风格相匹配，否则会有突兀之感。背景墙风格主要是通过选用合适的装修材料、颜色搭配以及造型这三方面来体现的。

三、背景墙材料选择规划

确定了装修风格以后，就可以根据风格选择适合的装修材料。虽然说同一种材料可以打造不同的装修风格，但是就是有一些材料最适宜来体现某种风格。例如，如果喜欢中式古典风格，就可以选用木质材料加上一些字画等装饰元素来展现。选择材料的时候，不要忽视材料的环保性。

四、背景墙颜色搭配规划

电视背景墙的色彩搭配应注意与整个空间的色调相搭配，同时也要以符合主人的心理感受为原则。一般来说，淡雅的白色、浅蓝色、浅绿色、明亮的黄色、红色饰以浅浅的金色都是不错的色调，太深太刺眼的色调容易让人心情沉重、情绪紧张。

五、背景墙造型规划

电视背景墙的造型选择多样，但是要注意避免背景墙有尖角、突出棱角造型，如三角形。尽量不要对背景墙进行毫无意义的凌乱分割，最好采用圆形、弧形或平直无棱角的线形为主要造型。

家装小贴士：

插座规划的8大提醒

提醒1　常搬移家具，插座得多装

若你热爱家具，常常把家具当小孩，把自己当孟母，有事没事就爱把家具搬来搬去；或是喜欢把家具当哑铃，老在家里练习乾坤大挪移，电视、电脑、音响等都常搬来搬去，那客厅或书房等地方，最好每面墙都留个插座与网孔。网孔很重要，别忘了安装。

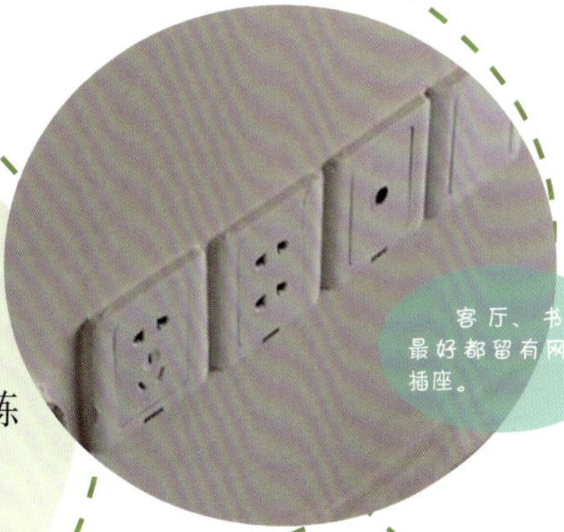

提醒2　木柜内留线槽盒，集中藏线

电视柜或书桌若是木工做的，可留线槽盒的位置，集中管理与隐藏电线。另外，插座的高度要算好，藏在壁挂电视的后方或电器柜的后方。

提醒 3　书桌不靠墙，可设地板式插座

有时餐桌或书桌会放在空间的中央，不靠任何墙，若有插座需求，可设计地板插座。但做地板插座有个前提，就是必须重做地板，因为地板要切沟让管线过去，不换地板的，就比较难有此设计。

地板插座常设计在不靠墙的桌下。

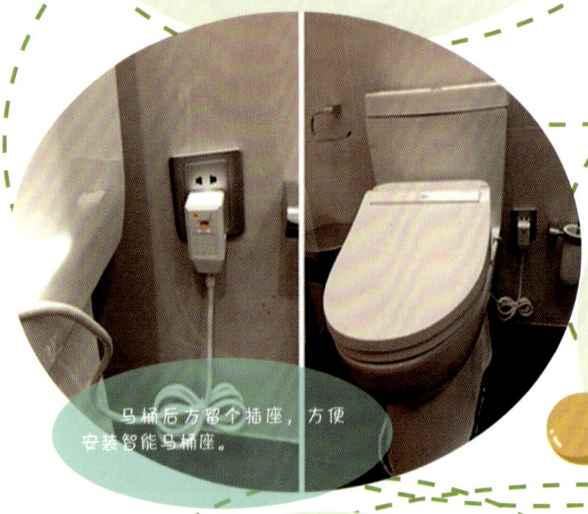

马桶后方留个插座，方便安装智能马桶座。

提醒 4　智能马桶需预留插座

马桶后方多留个插座，以后若要加装冬天也可让人感觉温暖和无限幸福的智能马桶座时，就不必到处找插座了。记得装漏电断路器，可与卫生间漏电回路共享。

提醒 5　电话数量与置放处，要纳入规划

房间要放电话或电视吗？还有要把家当个人工作室的人，如果要配第二个及第三个电话，则也要把家里的电话插座纳入规划，不应该只考虑客房和书房。

提醒 6　影音设备插座，得预先定位

器材音响放在哪呢？也要好好想想，影音设备多，像 CD 机、调频收音机、DVD 机等都需要两个插座，再加上电视、Wii（家用游戏机）等，又要再多两个插座（若还有什么高档电器请自己加上）。

只要先规划好，影音设备的插座就可完全被隐藏。

化妆台附近的插座，可供吹风机或小台灯使用。

提醒 7　化妆台旁也需插座

习惯在化妆台吹头发弄造型的女性同胞，别忘了在化妆台放个插座。

提醒 8　插座要与水保持距离

再次叮嘱，像厨房水槽附近容易被水泼溅到的地方，不适合安装插座哦！

水槽要与插座保持一定距离。

08 电视背景墙施工要点早知道

电视背景墙装修时，因为选用的材料和造型各异，装修施工方法也不同。但是无论是选用什么材料、打造什么造型，电视背景墙装修时需注意的一些施工要点是相同的。

一、提前布线，预留埋挂件位置和足够的插座

背景墙装修前应该考虑安装的电视是否需要壁挂，假设是，墙面就要留出装预埋挂件的位置或牢固的基层以及足够的插座。建议最好暗埋一根较粗的 PVC 管，一切的电线即可以经过这根管抵达下方电视柜。如果不需要，需要设计好电视摆放的位置，预先设置好安装孔，在装修之时把线埋入。

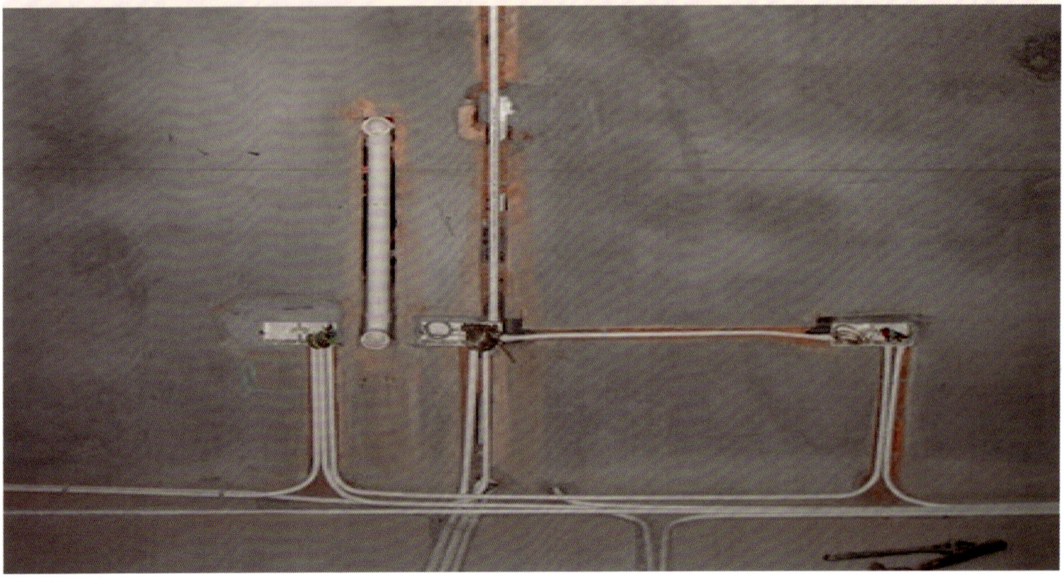

二、背景墙装修不要太厚

人眼距电视机最佳的距离是电视机尺寸的 3.5 倍，因此不要把电视墙做的太厚，进而招致房间显得狭小，白白浪费宝贵的面积，导致人与电视的距离过近，影响视觉效果及视力。

三、根据沙发高低调整壁挂电视高低

装修时需首先摆放沙发，沙发位置确定好后，电视机的位置也就轻松确定了，再由电视机的大小确定背景墙的造型。同时可以根据沙发的高低确定壁挂电视高低，减小了观影时的疲劳感觉。一般认为观看时仰角少于 15° 是最佳悬挂高度。

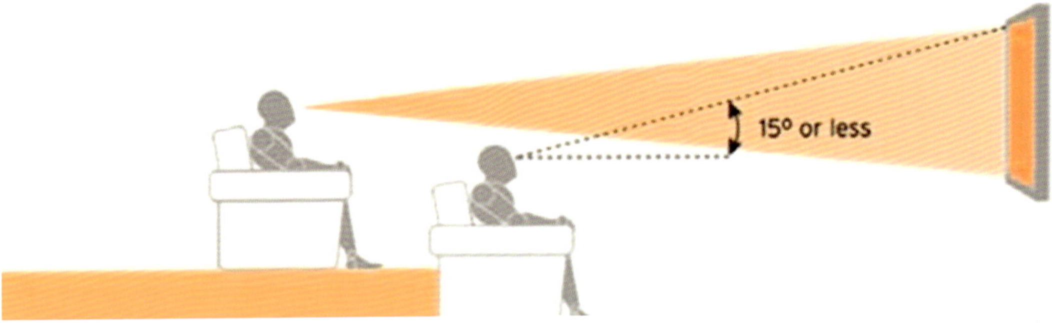

四、背景墙与吊顶灯光呼应

电视墙一般与顶面的局部吊顶相呼应，吊顶上一般都有灯，所以要考虑墙面造型与灯光相呼应，照明灯的颜色和强度也应该留意，不要运用瓦数过大或颜色太耀眼的灯泡，这样在观影时才不会有双眼刺痛或眩晕的感觉。

五、地面厚度及踢脚线高度要考虑

背景墙在施工的时候，应该把地砖或地砖的厚度、踢脚线的高度考虑进去，使各个造型协调。如果没有踢脚线，面板、石膏板的安装应该在地面施工后，以防受潮。

家装小知识

1. 壁挂电视插座高度的确定

一般壁挂电视屏幕地面距离地面宜 750 毫米，插座高度宜 850 ~ 1000 毫米，再从此高度的 AV 线至电视柜背面引一条 $\phi 50$ 毫米的 PVC 管穿线使用，但某些壁挂电视背面有钢板固定，插座安装此高度将对电源线、AV 线的装卸等带来许多不便，因此也可以把插座安装在距离台面 100 毫米位置（插座底部与台面距离），这样装卸电源线、AV 线极为方便，但此方法的最大缺点是引至壁挂电视的电源线、AV 线等外露，部分人看来影响美观。

2. 壁挂电视挂架的选择

平板电视重量虽然越来越轻，但是要牢固的挂在墙面上，保证长时间不会掉落，挂架的质量就显得非常关键。电视挂架一般可分为可调节角度挂架和固定角度挂架。可调角度挂架一般是可以上下左右调节和拉伸，从而改变观赏角度。固定角度挂架则是安装后角度固定的支架。如果材质相同，一般来说可调节支架要贵于固定角度支架，业主可根据自己的需求和经济能力选择。

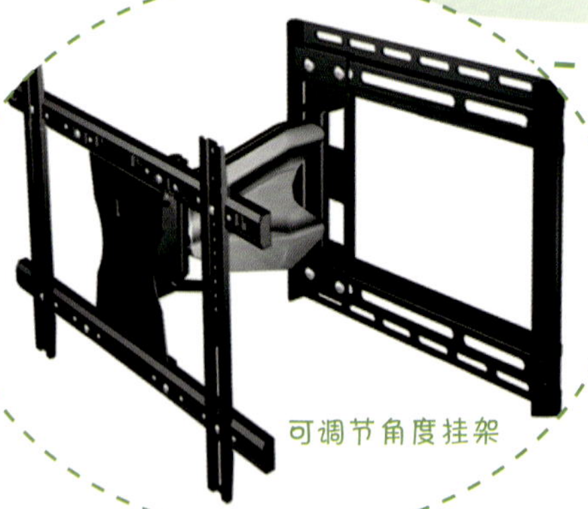

可调节角度挂架

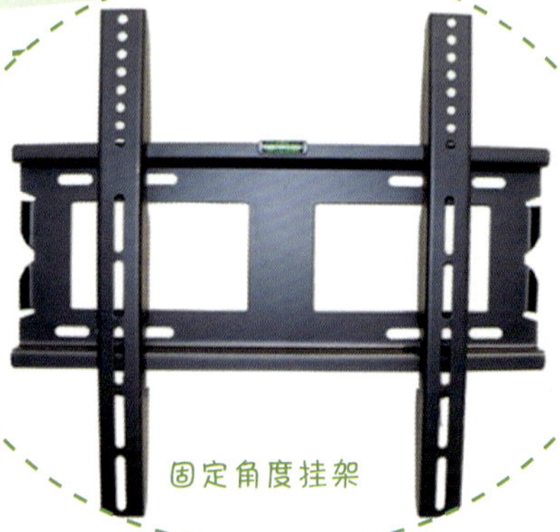

固定角度挂架

壁挂电视挂架选购注意事项	
看安装易拆卸性	壁挂架应保证平板电视机在安装后的维护、维修方便，在不破坏安装面、安装架的前提下，易于拆卸
看材质防锈蚀性	壁挂安装架可能对安全、环保等产生不利影响的金属制件必须牢固焊接或连接。而且须经防锈处理，使用其他材质材料应具有足够的抗锈蚀能力
看安装适用性	一般的壁挂安装架对于大部分电视来说都是适用的，但是为防止出现不配套的情况，在选购前，需要了解清楚挂架适用电视的安装尺寸等情况
看挂架承载力	若采用自制的安装架，其承载能力应保证不低于实际承载重量的 4 倍

3. 壁挂电视挂架如何安装

将电视小心地取出，平放在安全的地方，地下不要有硬物防止压坏屏幕。

用螺丝刀将电视机后面的四颗螺丝取出，备用。

拿出支架、将两根竖的支架用螺丝固定在电视机背部。注意由于电视机背部上下不平，所以要在上面两个螺丝的底部放两个垫圈，防止螺丝拧进去以后伤害到电视机屏幕。

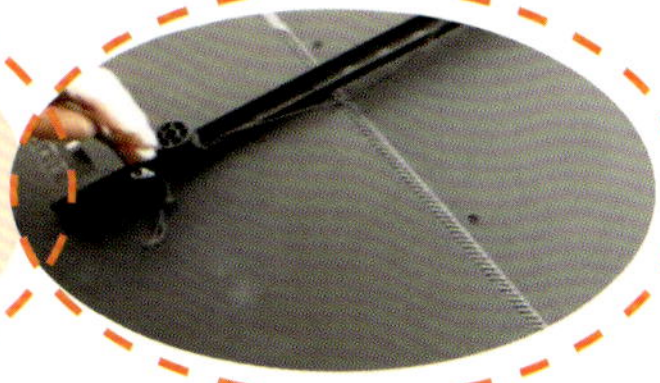

然后取出横支架，用尺子计算好电视机需要悬挂的高度，然后把横支架放在墙上画出墙上需要打孔的位置。如果是实体墙，需要用电钻打孔，如果是轻质墙只需要用自攻螺丝拧进去就可以了。

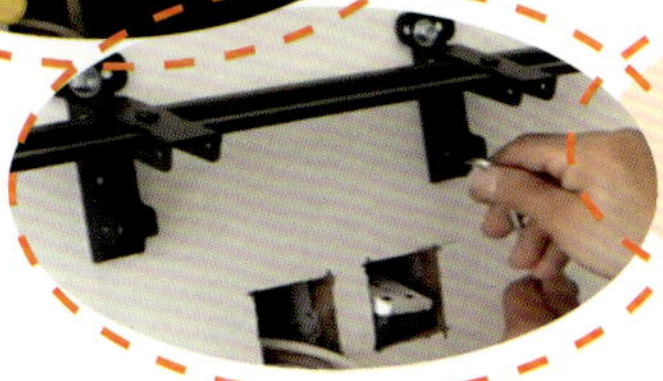

电钻打孔以后把自攻螺丝敲入墙内，把横支架固定在墙上。

然后就可以把电视机挂在墙上了，如果是上翻的支架，只需要用手托起电视机底部就可以轻轻抬起电视机插入后面的插座和 USB 接口了。

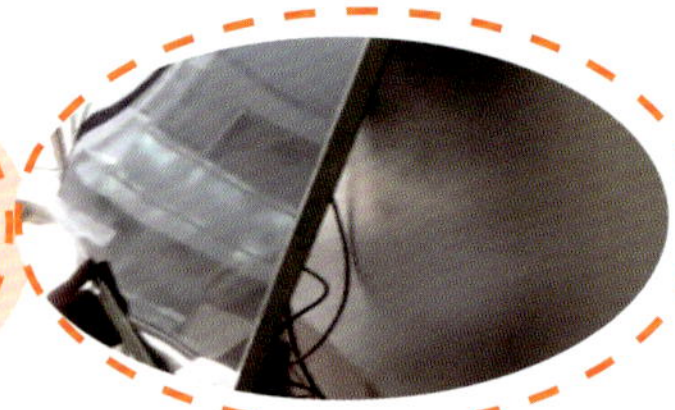

09 电视背景墙施工常见误区巧避免

电视背景墙是空间装修效果中的点睛之笔，对整体装修效果影响很大。因此为了避免最后的效果差，装修背景墙的时候需要了解常见的几个误区。

误区 1　电视背景墙面积越大越好

一些业主错误地以为，只要是放电视的墙面一定要做成背景墙，而不顾空间大小等因素。实际上，对于房子空间面积较小的业主来说，不宜为电视装修背景墙。此外，即使空间较大，背景墙也不是越大越好，应根据房间大小及电视的尺寸来决定背景墙的大小。

误区 2　先装背景墙再摆沙发

许多家庭装修时候的普通做法是先装好背景墙，之后再把沙发放在墙对面，这时可能遇到沙发摆放受到房间尺寸的限制，造成观影效果不佳的情况。因此，沙发的摆放位置最好在安装电视墙之前就确定。这样既不影响房间的规划又可以带来较好的观影效果。

误区 3　背景墙一定要打上灯光

许多业主装修背景墙时，认为一定要在背景墙上打上灯光。虽然背景墙在灯光的映照下会愈加吸收眼球，但长时间观看会构成视觉疲惫，对视觉健康不利，同时又不利于节约能源。

误区 4　布线问题留到装修后

许多背景墙装修案例中，背景墙装好之后，会发现很多电线还露在外面，严重影响美观。正确的做法是在布置电源插座的位置之前，应该尽可能准确地将所要摆放的家具尺寸提供给水电工。不要等到一切都装修完工后，才发现线路安装有问题。

误区 5　电视越贴近背景墙效果越好

许多业主认为，电视与背景墙离近点没有问题，甚至认为距离近了反而可与墙体融为一体。这种想法是不正确的。因为如果贴的过近，过一段时间后，就会发现背景墙这块的色泽与整体不符，甚至被电视烤出个黑印。因此，电视与背景墙之间应该有合理的距离，以防止电视长期运作，分散的热量对墙面造成损伤。

家装小贴士：

包工不包料

由业主自行采购材料，是时下比较流行的装修方式。在商议手工费时，装修公司一般按项目分别单列，比如木工按家具尺寸报价、漆工按家具面积报价等。这种报价方式让人觉得每一项都不贵，最后结账时，却发现总的手工费大大超支。究其原因，主要是许多业主没有装修经验，不清楚家具的实际尺寸、面积，装修公司便利用这一点，将总费用分列摊薄，造成“便宜”的假象。

第二章

经济实惠的板材背景墙

01 三种木质材料大比拼

一、适宜做电视背景墙的木质材料

木质材料	图示	参考报价	挑选秘籍
木质饰面板		柚木 90 元 / 平方米 黑檀 140 元 / 平方米 胡桃木 170 元 / 平方米 黑胡桃 140 元 / 平方米 白橡木 130 元 / 平方米 樱桃木 190 元 / 平方米 有影麦哥利 120 元 / 平方米 斑马木 200 元 / 平方米	1. 表皮厚度　看贴面板的厚度程度，越厚的性能越好，油漆后实木感越真、纹理也越清晰、色泽鲜明饱和度好。如何鉴别贴面板的厚薄程度呢？看板的边缘有无沙透，板面有无渗胶，涂水试验看有无泛青、透度现象，如果存在上述问题，则属于面板皮较薄 2. 美观　可以根据板面纹理的清晰度和排布来分等级，纹理清晰、色泽协调的为优。色泽不协调，出现有损伤的，甚至有变色、发黑者则要看其严重程度分为一等、合格和不合格。看是否翘曲变形，能否垂直竖立自然平放。如果发生翘曲或者板质松软不挺拔、无法竖立者则为劣质底板 3. 售后　由于贴面板自身的一些特点，其质量问题的显现需要一定的时间，所以在选购的时候看经销商的经营实力和售后服务保证

（续）

木质材料	图示	参考报价	挑选秘籍
实木地板		300 元 / 平方米	建议选购强化复合地板 由于实木地板的变形系数相对较高，因此不建议把实木地板铺在墙面上。而强化复合地板更适宜用于墙面铺装。此外，还要注意不是所有的强化地板都可以上墙，选购时可咨询相关的木地板销售人员
木线条		10 ~ 30 元 / 米	木线的加工质量是装饰效果的关键，购置未上漆木线应先看整根木线是否光洁、平实，手感是否顺滑，有无毛刺 加工工艺与技巧的优劣，对油漆后的形态和视觉效果有直接影响。绝不能选用表面留有刀痕或毛刺的糙面木线，要注意每根木线是否有节子、开裂、腐朽、虫眼等现象 挑选时，木线是否笔直，是取舍的重要因素，同时也应观察其背面的质量。如果有时间、精力，最好购置未上漆木线，请木工与装饰工一同刷油、上漆 确需选用已上漆木线时，可从背面辨别木质优劣、毛刺多少，仔细观察漆面的光洁度、上漆是否均匀、色度是否统一及有否色差、变色等现象

二、你需要了解的八种板材

以下板材中，大芯板、胶合板、指接板、密度板可以现场由木工加工，多用于家庭装修；刨花板、三聚氰胺板需要机器加工，家具厂用得较多。

名称	别名	图示	特点
大芯板	木工板 细木工板		家庭装修中最常用的板材。在两片薄板中夹厚木条，胶水用量少，甲醛含量低；力学性能比胶合板略差；价格介于刨花板和胶合板之间；常用厚度为 12 毫米、16 毫米、18 毫米
胶合板	多层板 木夹板 细芯板		由一层层单板用胶水压制而成，力学性能稳定，握钉力好，遇水不易膨胀，但价格贵，平整度也差。根据厚度分为 3 厘板、5 厘板、9 厘板、12 厘板、15 厘板、16 厘板、18 厘板等。“厘”等于毫米
指接板	实木板		把实木用“指接”的方式拼成，价格和大芯板差不多，非常便于木工现场加工，是木工师傅的最爱。用胶量最少，最环保。但实木容易变形，折断，且表面有毛刺，如果不刷油漆会对衣物有损伤，刷油漆则既不环保又加大成本
密度板	纤维板		把木材等植物打成纤维状，用胶水混合高温高压压制而成。优点是价格便宜、平整度好、不易变形、材质细腻，是家具厂常用的板材。缺点，常用厚度和刨花板差不多。最大缺点是遇水后会过度膨胀，膨胀得几乎无可救药
刨花板	木渣板 实木颗粒板		把木头打成碎片，再和胶水混合高温高压压制而成。优点是价格便宜、平整度好、硬度高，不易变形，是家具厂的常用板材。缺点是遇水膨胀、重量较大、握钉力差、甲醛含量高。常用厚度为 16 毫米、18 毫米、25 毫米三种

（续）

名称	别名	图示	特点
三聚氰胺板	生态板双饰面板		表面非常漂亮、硬度高、耐划伤、耐酸碱、耐烫、不用刷油漆，是性价比最高的板材，已大量用于成品家具。但市场上有伪劣产品
防火板	耐火板		容易加工，但很容易折断。好的防火板的价格比三聚氰胺板要贵。它主要有两种：一种是石膏板，大量用于墙面、顶棚；另一种是水泥板，强度比石膏板高一点，主要用于墙面底部，用来贴近水泥层
欧松板	定向纤维板		是最高档的板材。全部采用高级环保胶，甲醛释放量几乎为零。非常易于加工、防潮性、握钉力、强度都非常好。价格与高档大芯板相当

家装小贴士：

建材专卖店赚钱绝招

建材专卖店是把同一品种、不同厂家、不同档次的产品混在一起卖。专卖店也有赚钱的绝招，如吸声板报价一般包括吸声板、主副龙骨、吊件和边角线等组成部分。如消费者在购买时并不了解，费半天劲把价格降低，正准备付钱离开时，商家会提醒消费者还需要龙骨和吊件，这样又得再掏龙骨和吊件的钱，说不定还得再掏边角线的线，费了半天劲看似降低的价格其实反而可能高出去不少。

02 适宜做背景墙的三种小众型饰面板

一、定向纤维板——环保低甲醛

定向纤维板又称定向粒片板，或简称“OSB 板”，是种将木材切碎后，交错叠合碎屑压制而成的木板，可当装饰或结构材，强度高于木芯板，且不限于取用原生态木种，故为环保建材。但在叠合压制过程中，因碎屑尺寸不一致，故板材会有些微厚薄落差，讲究装潢极度平整的业主，不建议以此当装潢表材。

压制前依垂直、水平方向，交错倒铺碎屑，近似编织的排列方式，能强化木料咬合的紧密度，因此比起多层平面木薄板或涂上胶合剂压制成的木芯板，OSB 板仅需极少量胶剂，更有优于木芯板的强度，大幅度降低甲醛释放量。此外，木屑间少许缝隙，某种程度保留了建材吸收水分、热胀冷缩的弹性，使用久了，也不易产生变形或破裂的问题。

OSB 板适合铺于装饰地面，也可制成家具的夹板，因最后一道制造程序，会以蜜蜡打磨形成防护膜，故看似有纤维毛孔，其实也具防泼水、防尘的效果。

原木色调面积较多的居家，局部掺入 OSB 板当电视背景墙或门板，能令纹理组合产生变化。而偏现代风的空间，可先磨去表层蜡质，透过木工染色，借板材的纤维、缝隙，产生自然渐层晕染效果，取代壁纸缔造具有手感的肌理。

定向纤维板小档案

种类	图示	参考报价	特点
三聚氰胺板		165 ~ 205 元 / 平方米	木材密度高，故碎屑可切割较小片，表层较光滑，木板的强度较佳
防火板		145 ~ 175 元 / 平方米	木材毛细孔粗大，碎屑切片较宽，故表层摸起来略为粗糙

二、风化板——木纹鲜明好装饰

风化板有实木板和贴皮夹板两种，皆运用钢刷磨除木纹中质地较软的材质，使表面呈现仿风化的斑驳、纹理凹凸感。除此之外，风化夹板还能贴覆家具或柜体。可风化加工的木种中，梧桐木最常见也最便宜，224 厘米 ×122 厘米 ×0.5 厘米的板子，每张 100 元，进口品价格每张 500 ~ 2000 元。

风化板是利用滚轮状钢刷机器，磨除纹理中较软的部位，增强天然木头的凹凸触感，创造更粗犷的原始效果。钢刷处理的风化板，深浅效果是凭木材种类而定，并非刷的越多数，凹凸就越清晰，通常以钢刷刷两次为上限。

目前最常见的木种为梧桐木，因材质便宜，以同尺寸（224 厘米 ×122 厘米 ×0.5 厘米）实木风化板来说，每张梧桐风化板是 100 元起，且相较于其他木种，梧桐木重量最轻、色泽最浅，能牢固贴覆在墙面或柜体，若想洗白或染特殊色，成色效果最好。但梧桐风化板质地较软，不适合当地板材，以免踩久或家具压覆造成凹痕。

风化板小档案

成分	各式木料实木板或贴皮夹板，以梧桐木最常见
表面效果	表面天然木纹经钢刷加深凹凸触感，若想加强局部纹理，可选喷砂工法
特点	多作为室内壁材，也能贴覆门板、柜体或桌面
缺点	怕潮湿，不适合大面积用于浴室、厨房，不可做地板材
参考报价（常规尺寸每张）	100元起，进口品价格500 ~ 2000元

三、椰壳板——打造东南亚风情

椰壳板是切割干燥椰壳，经过去丝、磨光后，切成一片片的椰壳，再由手工拼组粘贴于木夹板上的装饰板材，纯人工编排的制作过程，使板材具多样且片片独特的纹理效果，可用作壁材或做成屏风，迅速为空间塑造东南亚风情。每平方米约380元。色调只有原色与染白两种选项，可自己用油漆刷涂换色。

椰壳板的原料多来自越南，将椰壳晒干硬化、稳定材质，再剥除表面鬃丝，进行抛光。抛光后的粗坯仍具曲面，再切割成2厘米 ×4厘米或2.5厘米 ×5厘米的矩形椰壳片，经整修打磨边角，让椰壳的边线整齐且底面平滑后，便由人工贴合在木底板上，约有1厘米厚；由于每一片都是经由手工粘贴上去，需多人合力完成，因此无法快速生产。

椰壳艺术板除了适用于屏风、壁材外，也用在柜子的柜面。将椰壳一片片拼贴起来，弯曲的弧度，视觉上很具立体感，也为居家增添东南亚风情。椰壳板有不同方向的贴排纹理，其实可当视听间板材，虽非专业隔声材料，没有绝佳隔声效果，但椰壳片间留有凹凸缝隙，比白墙更具吸声功效，且能塑造休闲风格。

椰壳属于天然材料，经过磨光后，多半呈现咖啡色系，差别只在于深浅度。深浅度与椰子生长时间有关，生长时间长，椰子长得越大，壳会越厚，颜色也较深；生长时间短，椰子较小，外壳较薄，颜色也较浅。但工厂生产的椰壳板，不但规格固定，连色彩也只有椰壳原有的棕色，以及结合洗白技术所产生的白色系两种选项。加上椰壳其实不易吃色，只能用洗白的方式塑造白色调，若硬要换颜色，只能直接涂油漆了。

椰壳板小档案

成分	干燥椰壳胶合在木夹板上
纹样	有乱纹、人字纹、直纹等拼组方式，皆为人工贴覆，每片有天然深浅变化
运用	装饰壁材或柜门门板
特点	硬度高，防潮、防蛀，大面积使用有些许吸声效果
参考报价	约 380 元 / 平方米

家装小贴士：

计算器上的欺骗

在某些建材市场，建材老板手中的计算器往往会欺骗人。有一种计算器，可进行个位收尾进位，让末位始终为零，如把 115 或 111 都变成 120。因此买料品种越多则吃亏越大，一批货少则能“偷”个百十来元，多则数百元，而消费者几乎察觉不到。在计算料单最后一项价钱，趁消费者不注意，偷偷多按一个加号，等于最后价钱加了两遍，无形中价格多了百十来元。

03 实木地板铺设背景墙，防虫很关键

一、实木地板易招虫子

实木地板的寿命一般在 10 年到 30 年。蛀虫是它的大敌，因为它的甲醛含量微乎其微，对人来说是无毒的，对虫来说也是无毒的。虫子的来源有两种。

1. 自带的虫子

小品牌的实木地板没有经过高温蒸煮，木板中藏有活着的虫卵。装修后，由于温度湿度适宜，虫卵会孵化。

2. 外来的虫子

比如地板下面的木龙骨中有虫子，或地板的缝较大，脏东西漏下去滋生虫子。如果遇到虫子，只能请除虫专家。

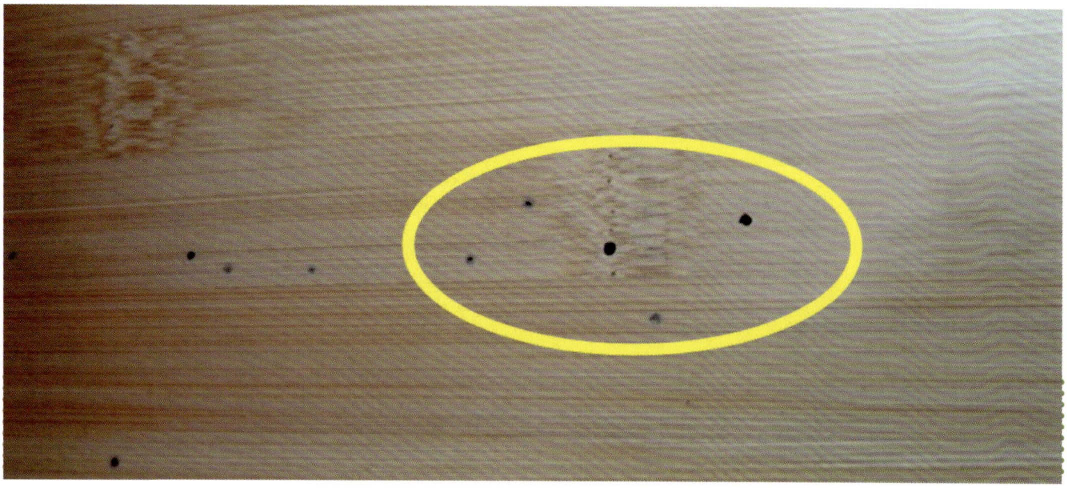

木材上是会有瑕疵的，比如节子（活节、死节、漏节）、腐朽（心材腐朽、边材腐朽）、虫眼和虫沟、裂纹、弯曲……根据这些缺陷的有无、大小、多少，可评定木材的等级。有的分为：“特等、一等、二等、三等”，有的分为“Ⅰ级、Ⅱ级、Ⅲ级”，有的分为“A级、B级、C级”。地板也是如此。

A板：树木的中心、主干部分的质地比树皮、树干末端的更匀称，色差更小，稳定性更强。A板的木材就是以树心为主，且不许有死节、裂纹、虫眼、腐朽、弯曲等。由于选材好，油漆中基本不用加色，成品的颜色基本接近原色，所以又称“本色板”。使用寿命远高于B板和C板。

B板：A板选材后，经过片检，差点的被刷下来就是B板。它允许有少量活节、死节、蛀孔等，由于是树木接近边缘的部分，所以即使是在一块板上，不同位置的色差也可能较大，业内称为“大双色、小双色”。色差过大会影响视觉效果，所以厂商在上油漆时会加颜色，使整体颜色变深，以掩盖色差。所以说，颜色越深的地板，原木坯料的品质可能越差，价格当然也会便宜一些。

C板：B板选材后，经过片检，最差的被刷下来就是C板。C板也可以是拼接出来的，朽木、树皮都可以作为它的原料。

类型	图示	平均价格	材质	优点	缺点
实木地板		200 ~ 800 元 / 平方米	全实木，表面进行油漆处理	触感柔软，视觉效果真实，最上档次。甲醛含量非常小，最环保。部分品种能散发实木的香气	不耐撞，防潮力差，不防蛀，容易膨胀变形，需定期保养打蜡，价格较高，安装时要铺木龙骨
实木复合地板（复合地板）		100 ~ 400 元 / 平方米	表皮是实木，基材是胶合板，有三层和多层之分，三层的价格高	视觉效果好，防潮性、稳定性较好，不容易变形	表层的实木皮不耐磨不耐撞，如果是耐磨型的则价格较高，甲醛含量介于实木地板和强化地板之间
强化地板		20 ~ 200 元 / 平方米	表面是三氧化二铝耐磨层，基材一般是密度板	耐磨、耐撞、防腐、防蛀	视觉效果虚假，脚感不真实，甲醛含量最高
竹地板		100 ~ 200 元 / 平方米	几层竹子黏合而成，表面进行油漆处理	收缩和膨胀性比实木地板小，硬度比木材大	在南方容易发霉、蛀虫；在北方容易干裂，尤其是暴晒后容易分层。冬天时，触感较凉

二、先晾几天，再铺

铺地板尤其是铺实木地板之前一定要拆开包装，放在家里通风晾干三天至一周，这是为了使其适应家中的湿度，防止日后开裂或起拱。晾晒要“井”字型叠起来，高度不宜超过 1 米。

北方地区较干燥，南方地区较潮湿，这会直接影响木材的含水率。比如木材在广州时的年平均含水率为15%以上，在北京时则为11%。买地板或其他板材后要放在家里几天，就是为了使它的含水率与家中的空气湿度达到一致。如果木材的含水率过高或过低，日后容易开裂、起拱。比如地板产于广东，它在广东的仓库里存放时，含水率为15%。你家在北京，这个地板运到你家后若立刻安装，日后就容易开裂。

家装小贴士：不要一味追求价格低

买地板时容易出现的情况是：标价400元，是A板。你砍到380，最终送货时给你的是A板。但如果你砍到340，虽然当时没说，但送货在A板里掺了B板。如果你砍到320元，送货时全给你B板。

04 木质材料背景墙施工攻略

木质板材在整个家装过程中应用非常广泛，将其用作电视背景墙的也不在少数。使用木质材料作电视背景墙，装饰效果自然清新、美观大方。下面就一起来看看常见的三种木质材料：木饰面板、木地板、木线条如何打造电视背景墙。

一、木饰面板背景墙施工

木质饰面板纹理清爽、颜色自然，可以达到实木的外观效果，造价却远远低于实木。木质饰面板比较轻便，装饰效果好，是理想的背景墙材料，可使用钉装方法安装。

1. 木质饰面板安装准备

在施工之前，先对墙面进行弹线分格与基层处理等准备工作。按照设计图样尺寸在墙上划出水平高，按木龙骨的分档尺寸弹出分格。而基层处理方面，应对墙面进行找平，再做好墙面的防潮工序，并在安装时让墙面保持干燥。同时，所有木料做好防火处理。

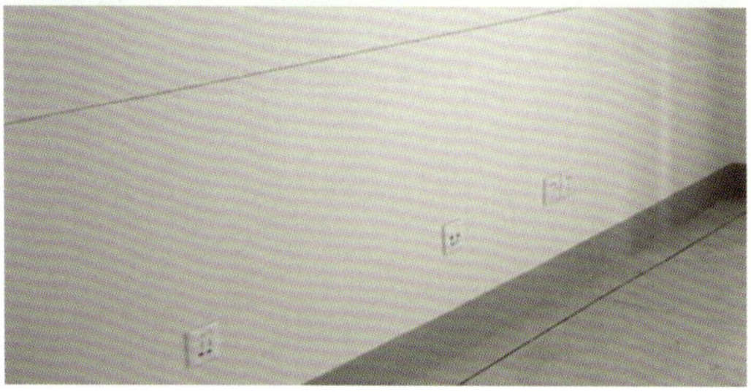

2. 背景墙龙骨安装

木质饰面板常采用龙骨安装，根据背景墙实际大整片或分片将木龙骨架钉装上墙。钉装完后调整偏差，要求龙骨整体与墙面找平，四角与地面找直。调整好后每一块垫木垫块必须与龙骨牢牢钉合。

3. 饰面板钉装工作

完成龙骨安装后，将饰面板钉上龙骨。挑选色泽相近木纹一致的饰面板拼装一起，要求连接处不起毛边，使木纹对接自然协调。钉装时要求布钉均匀，注意对于钉头进行处理，要求饰面板整体光滑平整。

4. 木饰面板背景墙施工要点

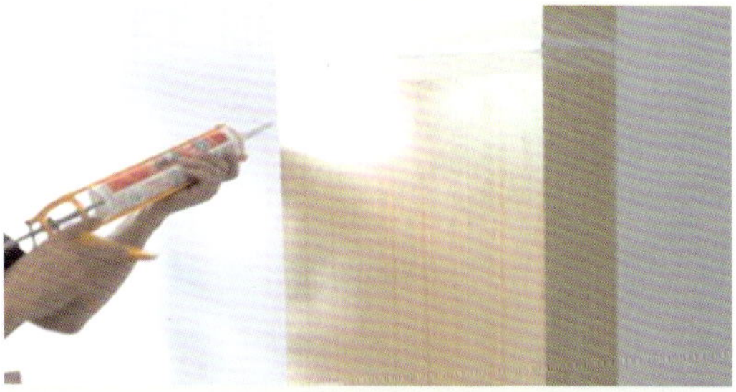

木质饰面板作背景墙施工的注意事项是必须做好基层墙面的防潮处理，如铺一层均匀的油毡或油纸防潮。而木龙骨，饰面板等材料必须做好防火处理，使用防火漆在材料上内外各涂两遍，待干后再使用。饰面板缝隙间还需要用玻璃胶密封。

二、木地板

将木地板安装上墙，真实的木质纹理，相对于其他材料更具观赏性。许多人担心把这种创意性的设计投入家庭装修可能存在风险，如地板太重会掉落，但其实只要通过严格的施工把关，使用木地板做电视背景墙也是安全可行的。

1. 木地板背景墙施工前准备

与铺装地板类似，施工前首先找平墙面，以免铺装完后背景墙不平。然后注意对基层进行防潮处理，对所有木材料进行防火处理，最后再按设计图样的尺寸弹出分格。待墙面干燥方可进行施工。

2. 木地板固定方法

（1）打龙骨做基层

墙上铺装地板时打木龙骨。龙骨横着或竖着打都可以，建议间距根据地板的宽度来确定，再使用文钉固定牢即可。

（2）大芯板等板材做基层

在墙面使用大芯板等板材做底板，然后将地板固定在大芯板上。

3. 木地板背景墙收边

墙面较大面积铺木地板时，其收边很重要，现在一般都用相框收边，目前市场上的相框最长的只有 3 米，因此若墙面较长会涉及接口，接口处理时对工艺手法要求较高。建议选择品牌的地板，因为其收边会做得更好，他们一般会用美术调色盘和颜料调出和相框相对应的颜色刷在接缝处，使效果更美观。

三、木线条

木线条质地坚硬，表面经过机械加工处理，耐磨耐腐蚀，一般作用于镜框线、墙边线等处。使用木线条作电视背景墙，可进行局部或整体造型设计，造型可多样。木线条安装同时使用钉装与黏合方法。

1. 木线条背景墙施工前准备

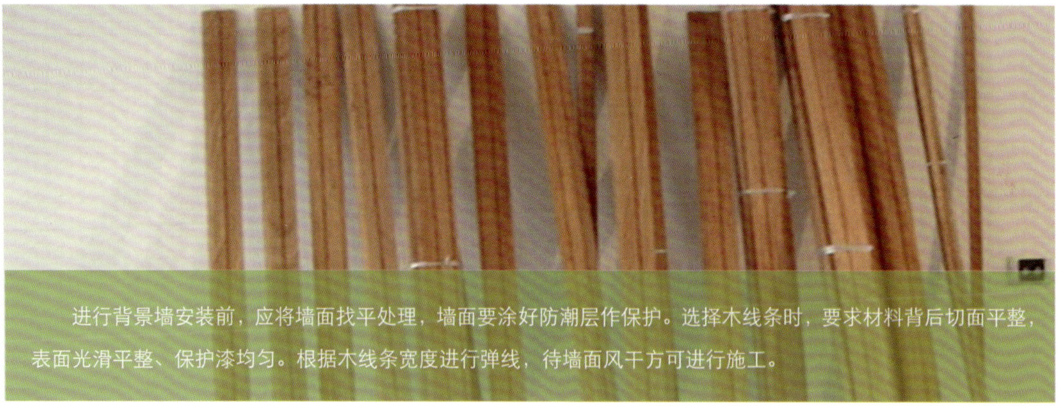

进行背景墙安装前，应将墙面找平处理，墙面要涂好防潮层作保护。选择木线条时，要求材料背后切面平整，表面光滑平整、保护漆均匀。根据木线条宽度进行弹线，待墙面风干方可进行施工。

2. 墙面打孔安装木楔子

在干燥的墙面开始施工，为了使木线条背景墙固定更为牢固，可先在墙面上装订木楔子作支架。要求安装与弹线对齐，木楔平整并紧贴墙壁。这样可使背景墙材料受力更均匀稳固，而对于质地较轻的木线条，可视情况不使用木楔子，直接安装上墙。

3. 木线条安装工作

安装木线条于墙上，首先采用钉装方法，在凹槽位或背视面使用射钉固定，要求钉头应砸扁冲入，木线条固定墙上不出现松动，可辅以粘胶。间隔木线条进行拼接，截面使用粘胶拼口，要求拼口顺滑，整体对齐平整。

4. 施工注意事项

用木线条作背景墙，注意设计图样制作尺寸正确无误，弹线清晰，这样安装位置才能正确。木线条接合时要求接缝无错边，割角整齐，角度一致，每块都要找准后方可进行下一块的安装。

家装小知识

木材表面的三种油

种类	油漆	桐油	木蜡油
渗透性	堆积于木材表层之上，不渗透	可渗入木材表层	可渗入木材内部，深层保护木材
手感	手感僵硬，完全感觉不到是木材	刷后可看见木材的纹理，但比木蜡油稍差一些	刷后可清楚看见木材的纹理，手感与刷前没大变化
环保性	对人体有害	对人体无害	对人体无害
气味	气味很大	气味略大	气味很小
耐磨性	很强	很弱	很弱
重刷	必须将原油漆面磨掉才能刷，一般不会重刷	若有需要，可直接重刷	若有需要，可直接重刷

05 设计师为您图解几款板材背景墙优秀设计

在这款原木色的整体居室中，整个居室的墙面是以木质的为主，在墙面中，巧妙地插入了一些格子，让空间极具艺术感，墙面的黑色条纹和整体的电视柜、茶几相呼应，所构成的画面充满几何的线条感。

这个组合式电视柜采用了木质的墙面，使整个空间都散发着一种自然的气息。即便室内用了不少的深色，也会让起居室多了一份温润柔和，不会觉得过于尖锐，有了家的包容性。

此款背景墙给人一种清新自然的感觉，大方不失美观。条形的木质电视背景墙成为一种时尚个性的背景装饰，木质饰面板纹理清爽、颜色自然，可以达到实木的外观效果。

为强化电视主墙与空间的宽幅比例，设计师借以材料为分割线，天然梧桐木佐以灰镜带出局部反射的视觉效果。

一面是深调的黑色，一面是温润的原木，客厅整体配色十分协调。电视背景墙用原木板材占领了墙面的大半壁江山，最外侧，用黑色的方形铁艺支架为电视机营造平面，配合电视黑色外观，形成墙面空间的视觉中心。

清爽的艺术格调，是这款电视背景墙想要达到的效果。用温暖的木色作为主打，背景墙还加上了格纹纹理，刻画出类似于藤制的效果。电视机两侧增添的木搁架，将艺术收藏品摆在上方，让角落品质无限。

客厅布置简单，尽量向简约自然的风格靠拢，与阳台连接的特性也使得此处能够获得充足的阳光与通风，而木质墙壁则是为客厅增添了一份质朴、自然的气息，与黑色的液晶电视相得益彰。

淡雅的装修风格，主要以灰色与木色呈现，而电视背景墙也只要通过浅色木墙体打造，未设置柜门的镂空型电视柜宽敞大气，为了避免单调，一旁还放置了艺术造型的瓷瓶予以点缀，而另一侧则特设了搁架，摆上装饰品。

电视背景墙以深色木打造，为了凸显层次感，深色木上特地镶嵌了银色金属线，挂壁式的电视机当之无愧地成为深色木背景墙的主角，而下方特地添置的两排搁架，如隐形般的收纳起影碟机。

在紧密的小户型空间中，电视背景墙的设计并没有倦怠，即便是小块的电视墙也散发着魅力，特意定制的电视单元柜，用巧克力色的木与白色墙作搭配，简约却浓情。

和谐的配色是这个客厅的优点，主要采用咖啡色与白色打造，一切以其相近色进行融合。特别是电视背景墙单元，采用了咖啡木色，电视柜除了大容量的收纳功能外，也给艺术装饰品提供了很好的展示空间。

这款较为紧凑的电视背景墙，十分适合于小户型家庭。左侧的橱柜，一半隐秘收纳，一半展示艺术装饰品，在电视顶部的挂壁柜上方，还特地放了一根宛如蛇形的装饰品，使小小的电视背景墙空间丝毫不显单调。

电视组合柜以小巧玲珑的木质矩形体呈现，每个矩形内都是一个很好的收纳容器，特制的玻璃艺术品展示柜，瞬间提升电视背景墙的艺术气息，而顶部以及旁侧的简约艺术品摆设都为其加分。

第三章

朴实自然的砖石背景墙

01 营造华丽质感的大理石背景墙

天然石材的纹路和色泽浑然天成，适合营造空间华丽质感。其中大理石和化石表层纹路丰富，且色泽自然柔和，颇受消费者喜爱。大理石和化石形成因素不同，大理石来自缓慢的造山运动，表层平滑，而化石则来自激烈的火山运动，表面稍有裂痕，所以背面会粘贴网状薄片，增加硬度，避免石块龟裂。

天然石材有一定硬度，室内若使用硬度太高的石材，触感冰冷且不舒适。大理石和化石的硬度虽然只有 3，但已不易受到磨损，适合用于室内壁面或地板。

一、各式大理石比一比

名称	图示	特点	主要产地	参考报价
黑金峰		黑底色上有着潇洒的白色线条，风格强烈	中国内地	约 150 元 / 平方米

（续）

名称	图示	特点	主要产地	参考报价
浅金峰		褐色底上有金黄线条，风格强烈	土耳其	约 220 元 / 平方米
新旧米黄	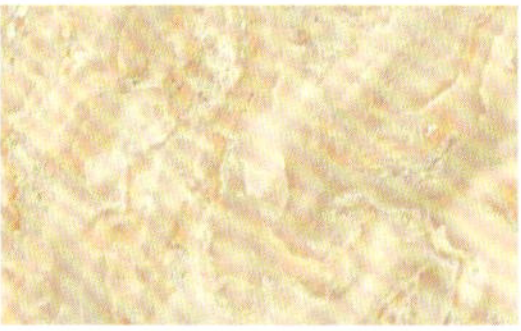	米黄色层次的花纹，风格较淡雅	意大利	约 250 元 / 平方米
黑云石		漆黑发亮的底色上点缀亮白纹路，对比强烈	中国内地	约 150 元 / 平方米
银狐		颜色淡雅，吸水性强，不宜用于浴室或地板	意大利	约 350 元 / 平方米
银白龙	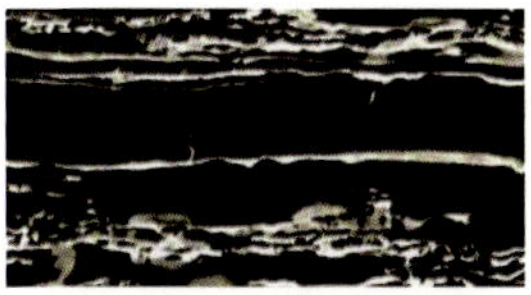	如水墨画般的黑、白、灰，具有层次感	中国内地	约 400 元 / 平方米
樱桃红	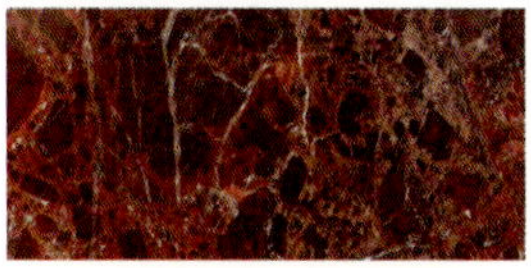	酒红樱桃色泽，风格强烈	土耳其	约 400 元 / 平方米
帝诺	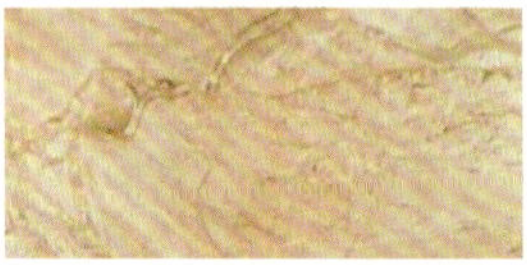	风格淡雅，不适合用于浴室	意大利	约 400 元 / 平方米
波斯灰	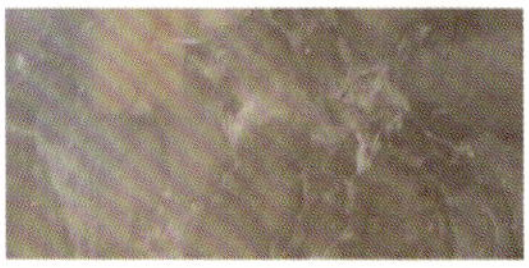	颜色特殊，具有异国情调	中国内地	约 400 元 / 平方米
索菲亚	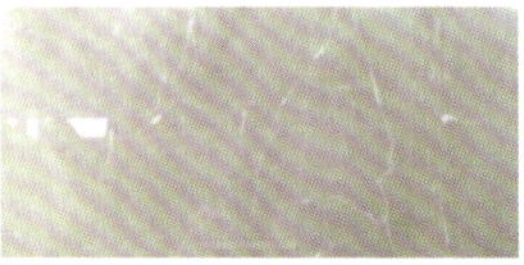	色泽清爽雅致，不适合用于浴室	中国内地	约 400 元 / 平方米

（续）

名称	图示	特点	主要产地	参考报价
金龙石	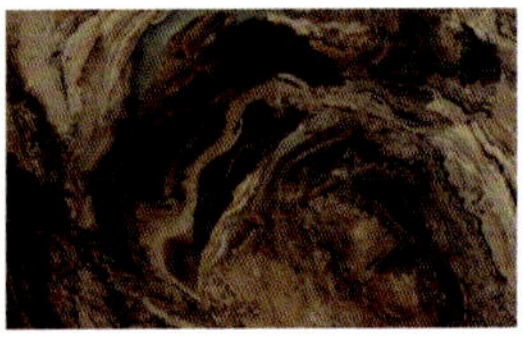	色泽柔和而优雅，纹理通透自然，变幻万千，触感细腻	中国大陆	约 400 元 / 平方米
木化石		纹路如木，但吸水性高，不宜用于地板或浴室	葡萄牙	约 400 元 / 平方米

家装小贴士：大理石吸水率高，遇水须立即清理

大理石因表面有天然毛细孔，吸水率高，所以清洁时，忌用清水擦拭，就算遇水也要立即清理干净，以防水分进入毛细孔，造成石材变色。平日清洁时，也不适合以化学清洁剂清洗，建议使用干布（或是拧得非常干的湿布）擦拭即可。或是用温润水蜡保养石材表层，既不会阻塞石材毛细孔，又能在表层形成防护膜，维持美观。但水蜡的缺点是不持久，所以最好每 3 ~ 5 个月就做一次保养，才能保持大理石的亮丽面貌。

二、大理石背景墙的优点

1. 天然大理石背景墙是专为有品位的成功精英人士而诞生的，专属为有品位的成

功人士打造五星级居家生活空间。天然大理石背景墙产品表面具有光洁如镜触感舒适，色泽饱满而丰富，图案纹理清晰过渡自然。

2.既拥有美玉的温润通透，又不失玉石的灵气与质感，可谓大气和典雅的经典之作，是别墅、豪宅装修装饰必选配套产品。

3.天然大理石背景墙，电视背景墙，沙发背景墙，造型罗马柱，垭口罗马柱，电梯门套线、垭口修边线，窗边线、镜边线、腰线、转角、地脚线等，适用于追求奢华大气、时尚高贵的高档装修。

4.大理石背景墙作为装修的亮点，能够体现主人的品位和艺术涵养，像人民大会堂、故宫、高级会所、私人豪宅无一不使用天然大理石装饰材料。

三、大理石电视背景墙的搭配要点

1. 大理石种类繁多，纹路变化万千，有着极具艺术性的纹彩，我们在选择大理石的时候可以选择简单利落的细花纹路走淡雅路线，也可以凭借鲜明突出的纹饰以造型取胜。选择浅色(白色、米色、浅灰色、粉红等)大理石作为电视幕墙时，温润色泽将使居家装饰更有整体感。用深色(黑色、灰色、咖啡色、红色、绿色)大理石来做电视墙时，则可以极速的提高居家的空间质感，就像一幅独特天然的艺术作品，将成为整个客厅的视觉焦点。而搭配同系列的大理石来设计电视柜，将更显和谐大气。

2. 采用纹路型的大理石来设计幕墙，创造新的自然风，也是新颖独特不落俗套的设计。不过在颜色上需要注意的是无论选择深浅色系，装潢的整体搭配都是第一优先选择。同时石材构图变化影响最大的是它的先天纹路，这个设计要点也必须牢牢抓住，因为同种石材将会有万千变化。过去对纹拼花的方式，已经略显单调，已渐渐失去了设计师喜爱；而毕加索式的错别拼接，更能体现艺术感，而以大理石大板为单位的，乱中有序的片式穿插，则引领趋势。

3. 现在由于电脑模拟拼图的参与创作，更能模拟出多种纹路拼接效果，同时业主也可以根据自己的喜好来提出意见。通常情况下，电视背景墙不会选用一大片完整的大理石板，一般是切成 80 厘米左右的规格大理石板材拼组，这样在搬运和安装上比较不容易出现破损，也更安全。不过现在有些设计比较大胆独特的，也是有选择使用一整片超大规格的大理石大板来装饰的。采用粗面石材就比较能配合音场的设计。同时可以减少驻波或室内往返的回音。而且大理石电视幕墙若能延伸至转角区域，将能建够出精美的视听区域与动态视觉美感。

大理石电视背景墙的设计要点包括的内容很多，不仅涉及大理石花纹的搭配，还涉及大理石型号和尺寸的选择，同时还要注意大理石的质量。大理石电视背景墙非常的简约，适合很多都市白领快捷的生活节奏，简单易清洁，让人感觉十分舒适大方。

三

家装小贴士：

大理石保养不当，易白华、吐黄

大理石不太适合铺在浴室等水汽过重的地方，以免产生严重“病变”。由于大理石使用久了以后亮度可能会降低，表面呈现雾状感，这时直接请专业厂商美容即可，切莫自行抛光、打磨或者用药剂处理。

大理石常见的病变包括白华、吐黄、风化等。大理石底下会平铺一层水泥砂浆，过多的水分经由毛细孔渗入未做防护的石材，水分蒸发后在大理石表面留下结晶体，即白华现象。除此之外，大理石若浸润水汽过高，还会产生霉苔，更可能会因为使用瞬间胶或高碱水泥砂浆产生吐黄现象，时间一久，表面甚至会出现小的洞孔。鉴于上述问题，大理石在安装前的防护方式和安装后的定期美容，都极为重要。

四、大理石背景墙施工攻略

大理石固定到墙上的方法有胶水粘贴法、干挂法等。为了保证安装牢固，现在家装中，越来越多地采用干挂的做法。干挂的做法是通过在墙面安装钢架，用固定件将大理石板连接起来。下面一起来看看具体施工流程。

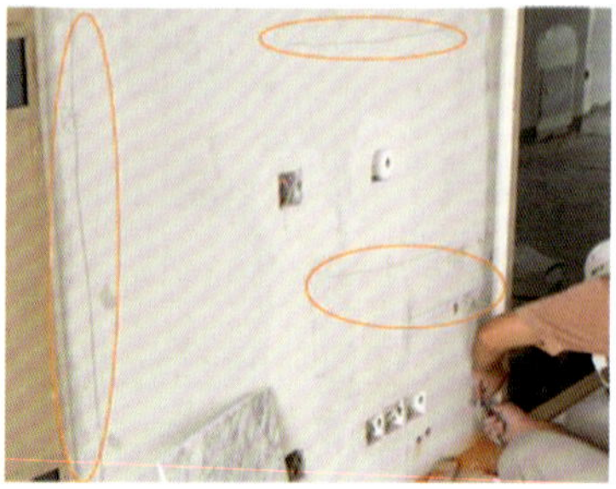

1. 处理基层划线定位

首先需要对背景墙面基层进行处理。处理的方法与铺贴墙面施工的处理相差不大，保证墙面干净、无浮土、浮灰，已经找平并涂好防潮层即可。然后根据施工图纸，在墙面上画线，拉好整体水平线和垂直控制线。

2. 安装固定钢材龙骨

对于厚重的大理石板，需使用钢材龙骨降低石板对墙面的影响，并提高整体的抗震性。施工方法是根据施工图纸，在墙面钻孔埋下固定件，将龙骨连上固定件。要求龙骨安装牢固，与墙面相平整。

3. 将挂件安装到龙骨上

固定好钢材龙骨后，接下来就需要将连接大理石板的挂件安装到龙骨上。挂件的形状就如同字母 T 的形状，将 T 形的挂件接到龙骨上，上下出头，可以挂两块理石；最下面收口只有一块理石的地方，用如同 7 的形状的 45° 的挂件来挂理石即可。

4. 安装大理石板

连接好连接件，接下来就安装大理石板。具体方法是在每一块石材四个角的上下方切口，口中注入云石胶，然后把连接件的上下卡片插入切口固定。

5. 嵌缝处理

大理石板安装好后，板与板之间的缝隙采用黏合处理。首先清理干净夹缝内的灰尘杂质，在缝隙填充满泡沫条，在板边缘粘贴胶带纸以防粘胶污染大理石表面，打胶后要求胶缝光滑顺直。

家装小贴士:

大理石的打磨抛光

1. 大理石打磨抛光多少钱

对于大理石打磨抛光，一般都是选择专业的服务公司，当然各地区的消费水平不一样，其对大理石打磨抛光也有一定的幅度的。在一些发展好的城市，北京、上海、广州等地，大理石打磨抛光的价格相对高一些，一般面积的房屋，一般是 60 元 / 次；对于一些二线城市，价格一般在 45 元 / 次，再小一些的地方，其价格大概在 30 元 / 次。

2. 大理石打磨抛光的原则

①美观、耐久、无害、无污染。即石材在通常加工、销售和使用过程中，不会发生明显地物理化学变化。当然耐久并不等于永久。比如涂过蜡，随着时间的推移，大理石表面可能会泛黄——蜡的氧化作用，或逐渐失去光泽。这种石材常用于居家地面的装饰装修，所以要经常地打蜡养护。

②无害、无污染是指不能对大理石加工、包装、运输及安装、使用者产生伤害，不能对环境产生污染。否则就失去大理石表面涂覆处理的意义。

02 自然风韵的文化石背景墙

文化石是一种人造石，仿造自然石材的外形，以水泥掺硅砂石等轻质材料，灌入模具而成。成品可乱真，可减少开采原料的需求，且与自然石材相比，重量还轻了 1/3 ~ 1/2，是营造室内外空间特色的热门元素。但缺点是表面粗糙有刮伤风险，若家有幼儿，不建议大量使用。

一、文化石电视背景墙的优缺点

文化石是个统称，可分为天然文化石和人造文化石两大类。天然文化石从材质上可分为沉积砂岩和硬质板岩。人造文化石产品是以浮石、陶粒等无机材料经过专业加工制作而成，它拥有环保节能、质地轻、强度高、抗融冻性好等优势。

文化石因为取材天然无机非金属材料，把精选的天然石材文理巨细无遗地捕捉并加以艺术化，创造出逼真的自然外观和质感，给予用户一个充满自然气息，洋溢着山野村居气息的构思空间和表现手法，迎合了都市重压下人们返璞归真、回归自然、简化生活的需求，因此，在电视背景墙进行选材时，很多人都会考虑用文化石作为电视背景墙的主材。

那么，将文化石用于客厅电视背景墙的装修，主要有哪些利弊呢？

三

1. 天然文化石

优点一：耐脏，可无限次擦洗。

这个相对于来说，对于要定时对背景墙进行擦洗的业主来说，应该是一大福音，当天然文化石背景墙脏了以后，你可以用湿抹布进行擦洗即可，不需要小心翼翼。

优点二：材质坚硬、色泽鲜明、纹理丰富、风格各异。

因为文化石具体材质选择很多，因此，其造型选材上选择的空间很大。比如，比较注重艺术气息的别墅可以选用粗犷狂野一点的大砖，如果喜欢温馨质朴一点的感觉，可以选用砂岩材质的文化石，配合大理石和抛光砖，家的质感就会很容易就凸显出来。

优点三：抗压、耐磨、耐火、耐寒、耐腐蚀、吸水率低等特点。

天然文化石的这些优点决定了其比较耐用，使用寿命较长，而且不易受到损伤，因此，其外表的美观度延续的时间也较长。

缺点一：施工困难

除了方形石以外，其他的天然文化石施工比较困难，比如表面凹凸不平、后期使用得进行加工，尤其在进行拼接时，更是考验师傅手艺的时候。

缺点二：辐射问题

天然文化石对人体的辐射到底有多大，目前没有很详细的数据，但是多多少少可能还是会有一些辐射性污染，对于孕妇而言，这一点要有所注意。

2. 人造文化石

优点一：可塑性强，可以自行创造色彩

即使您买回来的颜色不喜欢，您可以用乳胶漆等涂料进行加工，把其改造成您喜欢的颜色。

优点二：安装方便

人造文化石一般都会采用箱装，因此其不同块状已分配好比例，安装比较方便，因此，可以大大缩短工期。

优点三：健康环保

人造文化石无异味、吸音、防火、隔热、无毒、无污染、无放射性。有效地避免了从自然采集的天然石中或多或少的有害放射性元素，有限地保证了使用者的身心健康。

缺点一：不耐脏，不易清洁

如果您家里平时没有什么人进行专门的清洁工作，那么您家不太适合采用人造文化石背景墙。

二、文化石的铺设过程

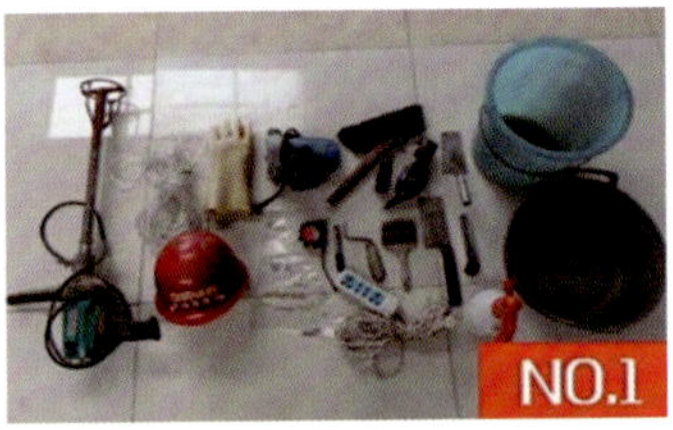

1. 准备相应的工具（水桶、喷壶、灰盆、灰铲、搅拌电钻、手提切割机、毛刷、卷尺、超平水管、墨斗、勾缝带、勾缝刀、安全帽等）

2. 安装时，应当测量好墙面的水平线和平整度，每隔50厘米弹一根水平线。

3. 安装前务必将2～3箱文化砖、文化石平铺在平地上，排列出最佳效果后在安装上墙。

4. 安装时要先贴转角，后贴平面，把粘贴剂打满后，充分按压使粘贴剂在文化砖周围挤出，避免安装时文化砖出现空鼓。

5. 按施工需要对文化砖进行切割调整。

6. 勾缝时用三角袋装挤出勾缝剂并填充缝隙，缝隙的深浅根据施工要求进行调整。

7. 勾缝剂半凝固（半干）时，用勾缝刀或小铲子将多余的勾缝剂出去。

8. 用干净的硬毛刷、刷掉文化砖表面粘贴的少量勾缝剂。

9. 待产品和勾缝剂完全干燥后，可喷涂防护剂进行防护处理（防水、防冻、防反碱、抗紫外线）。

三、品质价格比一比

好的文化石，表面纹路较明显，色彩对比性也高，在比较的时候，有时可发现有些文化石表面纹路较不明显，有可能是某些工程模具不换，一用就是十几年，导致产品表面会产生模糊的纹路，此即为品质较差的文化石。

进口产品的价格约是国内产品价格的两倍，但色彩及外观的质感较好。市场上，文化石价格每平方米 60 ~ 140 元。

较贵的是转角砖和转角石，因生产机器昂贵，且转角制作不易，易有瑕疵，产生废料。每延米约 80 元。虽然价格较贵，但转角砖、转角石能使文化石墙转角处没有接缝，就像真的用砖或石头来砌的一样，很自然，因此在室内装潢上仍很常用。

名称	图示	特点	运用	价格
城堡石		仿城堡外墙石材感，表面大小不一排列，颜色深浅不一，多为棕、灰两色	多用于电视背景墙与一般居家壁面	每平方米约 110 元
层岩石		仿岩层的石片感，亦是很常见的文化石种类。有灰、棕、米白等色彩	常用于电视背景墙	每平方米约 140 元
仿砖石		仿砖头的样貌、质感，并可做出色彩不一的效果。有红、橘、土黄、暗红等色，是最便宜的文化石	打造乡村风壁炉	每平方米约 60 元
木纹石		表面仿年轮图样，表面不平滑，有凹凸感，具防滑效果，有灰、棕和藕色可选	适用庭院外墙	每平方米约 64 元
转角砖		仿砖的转角砖，有多种文化石种类与颜色可选	仿砖文化石墙的转角处	每延米约 80 元
转角石		仿石材的转角石，可搭配各种文化石种类和颜色	仿石文化石墙的转角处	每延米约 80 元

03 漂亮易保养的瓷砖背景墙

瓷砖背景墙是最近两年流行并为大众接受的装饰材料，它运用当代最新的印刷技术，加上特殊的制作工艺，可以把任意所喜爱的图案印制或雕刻到我们日常所见的不同材质的普普通通瓷砖上，让每一片常规的瓷砖成为一件件艺术品，再把瓷砖铺设在室内墙面上就成了瓷砖背景墙。由于是个性定制，可根据家庭的装修实际尺寸来进行定做，图案个性选择，独一无二的体验逐渐让其成为人们装修的首选。

一、瓷砖装饰背景墙的特点

1. 装修的效果非常高档，有很多种图案，可根据自己的装修风格和喜好来选择电视背景墙图案，如中式风格、欧式风格、现代风格等，一般都属于个性定制的。

2. 在瓷砖上进行图案烧制或雕刻后再上色，效果很逼真，颜色特别明亮细腻，再结合纹路优美、图样精致等优点，使其呈现壁纸般的质感。

3. 由于是个性定制，可根据您的装修实际尺寸来进行定做，所以可能在你邻居附近都是独一无二的。

4. 低吸水率。吸水率低，仅为 0.08% 以下，仅为欧洲标准及天然石材的 1/30 ~ 1/5，常年使用，绝无变色，不留痕迹始终如新。

5. 无辐射。 精选高级瓷砖原料，无辐射，打破人类使用天然石材必须暴露于辐射线及吸收氡气，进而影响身心健康的宿命，创造零危害的自然空间，是划时代的安全建材。

6. 价位较高。特色瓷砖的价位相对较高，定制瓷砖背景墙的价格在 1880 ~ 2000 元 / 平方米，小面积使用性价比会更高。

二、各类背景墙瓷砖比一比

名称	图示	特点	参考报价
古典图样		巴洛克式图样，适合喜好古典质感的居家空间	400 元 / 平方米起，进口的要 2000 元 / 平方米以上
仿壁纸图样		细腻玫瑰花图样，铺设空间呈现浪漫气息	400 元 / 平方米起，进口的要 2000 元 / 平方米以上
仿金属光泽		深色光泽营造了略带科技感的前卫氛围	200 元 / 平方米左右
水墨质感图样	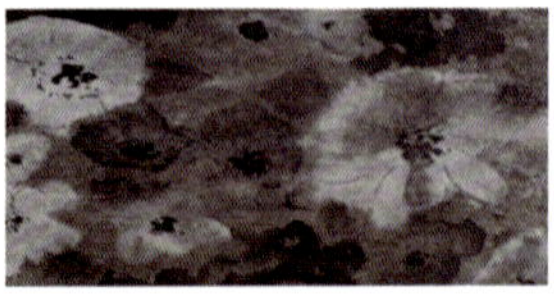	水墨笔触表达出简约大方的意念	200 元 / 平方米左右
高温微晶定制图样		花样、大小可根据需要与喜好定制	400 元 / 平方米起

三、如何挑选瓷砖

性能	挑选方法
吸水性	瓷砖吸水的速度越慢，质量越好。挑选方法是：在瓷砖背面倒水，然后看水渗入瓷砖的速度。吸水速度越慢，说明密度越高，稳定性越强，在潮湿的空间里不容易产生黑斑等问题。瓷砖的正面有釉，是不会渗水的

（续）

性能	挑选方法
平整度	从侧面看瓷砖，如果平直、平整度高，铺的效果会更好。最严格的检验方法是从包装箱内拿出任意四块瓷砖，放在平坦的地面上。看看四块砖是否平坦一致，对角的地方是否嵌接。这很重要，国产砖与进口砖的最大差别就在于规格的一致性上
密度	瓷砖越沉重、说明密度越大、质量越好。但一般人难以比较两块砖到底哪个的密度大，因为砖的厚度、大小不一样。一般情况下，敲打瓷砖时的声音越清脆，说明密度越高
硬度	用硬币刮瓷砖的釉面，如果留下痕迹，说明硬度低
针孔	用肉眼看就可以看出瓷砖表面是否有针孔，有针孔会堆积脏污

四、瓷砖的两种贴法

贴法	含水量	用于	操作过程	优点	缺点
湿铺	水泥和沙子的比例是1：5或1：4	墙面、地面。厨房和卫生间的地面只能湿铺，以免渗水	在瓷砖上抹水泥砂浆，再贴砖	操作简单，速度快，价格低，厚度比干式的薄	平整度差。水泥砂浆中水分较多，水分蒸发后容易出现空鼓、气泡
干铺	水泥和沙子的比例是1：3或1：2。砂浆较干，手捏起团，落地开花	地面。大理石、花岗石、大于500毫米×500毫米的全瓷地砖，必须干铺	把瓷砖放在水泥砂浆上面，用橡皮锤振实	能避免气泡、空鼓、平整度好、不变形、线棱平齐	技术含量高、费用高、施工速度慢，厚度较大

04 缤纷多变的马赛克砖背景墙

一、马赛克装饰背景墙的特点

一直以来，马赛克都是用在厨房、餐厅，被看作上不了厅堂的辅助材料，但是现在家居装饰中想拒绝马赛克都难，关键不是在它的实用，而是在于它丰富多彩的色彩感，因此，将马赛克瓷砖用在客厅背景墙的装饰上，让客厅不再单调。那么，马赛克电视背景墙怎么样呢？

1. 极强的装饰性

马赛克瓷砖一般尺寸比较小，他主要是利用其颜色的丰富性拼凑出漂亮的图案，马赛克的原材料由以前的小石料逐渐演变成现在的玻璃、金属、贝壳等多种材质的原料，因其材质丰富、色彩花样繁多，可以随意摆成各种各样的图案和花样，可以使用在比较小的空间，也可以装饰在宽敞的客厅中，综合运用起来就显得装饰效果异彩纷呈，视觉冲击力强，装饰效果极佳，给家居装修带来全新的感受。

2. 环保无污染

马赛克背景墙的原材料一般是用金属、玻璃、贝壳等纯天然的原材料制成，这些原材料没有任何有害物质，在加工过程中也是原生态制造，它相比仿古砖少了更多的辐射，相比抛光砖等表面光滑的砖少了些光源污染，可以说马赛克背景墙因其原材料的不同而显得更环保更安全更能让人放心。在这个人人都讲求环保的时代，马赛克建材无疑给人们带来了最佳的环保健康理念。

3. 使用寿命长

马赛克材料使用的都是天然的材料，所以他自身的性能就是防水、耐磨，这些都是其他墙体或地面装饰材料所不能比拟的，特别是抛光性瓷砖，时间长了就容易变色，几年之后就需要进行更新，马赛克材料就不会因时间关系而发生质变，另外，因为马赛克材料尺寸比较小，装修过程中会有很多的缝隙，这样就会造成它独有的抗压能力强，不会受外界的温度变化而损坏，所以在家庭装修中马赛克材料是使用寿命比较长的建筑材料，很受人欢迎。

4. 装修时比较费力

这一特点也正是马赛克材料的缺点。正因为马赛克尺寸比较小，在安装时比较注意图案，所以在铺贴时需要按照事先的图纸铺设，稍有差错就会造成图案混乱，前功尽弃，所以装修马赛克材料比较费时费力，铺贴价格也相对较高。

二、马赛克砖比一比

名称	图示	特点	产地	运用	参考报价
玻璃马赛克砖		价格最便宜，色彩鲜艳，适合拼花。色料影响价格，红、橘、黄、金、银等色较贵	中国内地、意大利	室内墙面	60 元 / 平方米起
琉璃马赛克砖		将色料搅拌融入玻璃，做出水彩效果，因制程较费工，比玻璃马赛克砖贵	中国内地、意大利	室内墙面	约 380 元 / 平方米
玻璃水晶马赛克砖		折亮度强，视觉效果佳，怕刮伤。价格因色料成本、厚度、产地差异而不同	中国内地、意大利	室内墙面	160 ~ 330 元 / 平方米
上釉瓷质马赛克砖		使用最广泛的马赛克砖，光泽度高，上釉次数越多，色彩越饱和	欧洲、日本、中国台湾地区	室内墙面	190 ~ 260 元 / 平方米
不上釉瓷质马赛克砖		质感粗犷自然，卡垢亦不影响外观	欧洲、日本、中国台湾地区	多用于局部户外墙面、地面；用在浴室地板，可防滑	约 220 元 / 平方米
上釉陶质马赛克砖		价格较贵，釉料特殊，多做特殊色，如青花蓝、古铜等。制程繁复、量少	欧洲、日本	室内墙面、地面	260 ~ 650 元 / 平方米

（续）

名称	图示	特点	产地	运用	参考报价
不上釉陶质马赛克砖		质感自然纯朴，可回收，对环境不会造成伤害。易卡垢，可先上防护剂保护	日本	室内墙面、地面及桌面	约 190 元 / 平方米
石材马赛克砖		质感天然，易吃色，有大理石、砂岩、锈石、观音石、花岗石等不同种类	欧美、中国内地、印度、东南亚	常用于玄关墙、户外墙面	约 480 元 / 平方米
金属马赛克砖		金属马赛克砖有两种，一为瓷砖表面上金属釉料，一为套上金属壳，后者较贵	中国内地、欧洲	室内墙面、家具，做局部装饰	220 ~ 360 元 / 平方米

三、马赛克砖贴背景墙过程

1. 准备粘贴剂、铺贴工具、填缝工具、清洁海绵或者毛巾等。

2. 打开产品包装，检查质量。

3. 根据施工图纸的编号对应排列在地上，确认花型无误后再逐片上墙。

4. 搅和辅料，配水比例：4 千克粉兑 1 ～ 1.5 升水。用粘贴剂荡平墙面，厚度约 2 毫米。

5. 按编号顺序逐片铺贴，注意对齐缝隙。

6. 待粘贴剂干结后（约 2 小时），方法同上搅和辅料，填缝。注意不要留空隙（可根据个人喜好选择填缝或不填缝，根据个人需要选择填缝剂种类）。

7. 约 20 分钟清洁干净表面多余的填缝剂。

8. 完工。

05 设计师为您图解几款砖石背景墙优秀设计

左图这款大理石背景墙设计得十分不错，白色的底色，加之黑色的纹理。再配上上黑色的电视机，给人以很强的视觉冲击，让人一眼就对这款大理石背景墙印象深刻。而且边上的几个小饰品更是为整体的大理石电视背景墙增色不少，下面的一个黑色小柜子使居室更显时尚气息。

右图卡拉拉白大理石营造纯净清爽，台面之处局部以镜面跳色，创造视觉变化。而且也跟客厅电视背景墙形成呼应，让整个空间给人一种石造的自然感。

大面宽且深富现代感的电视主墙设计，以纹理鲜明细腻的天然石材作为造型题材，强调无接缝处理的视听柜以同样石材勾勒立体框线，两侧安排对称展示收纳柜，沉稳的精湛工艺令人耳目一新。

纹理丰泽的巴洛克大理石，从壁面延伸到电视柜平面，一体成形的设计，在周围间接光源的衬饰下，更见大户人家风范。

从窗外洒入的阳光，将悬垂于客厅天花板下的水晶吊灯折射出五光十色、晶莹剔透的亮丽质感，水晶吊灯线条的古典造型呼应玄关铜雕明镜的古典线条，与加大墙面延伸入玄关的黑云石电视墙形成沉稳的新古典场域。

用白色的文化石来打造客厅电视背景墙，简简单单，不花哨，有种独特的韵味，搭配精致的盆栽摆件，整片墙显得异常和谐自然，有种淡淡的文艺范。

欧式田园风格的家居是追求自然舒适的，暖色调的文化石与整体空间保持一致，不规则的拼接让单调的墙面变得有层次感起来，别有一番韵味。

文化石的粗犷纹理很容易给人自然原始的感觉，大小混搭，排列不规则的文化石背景墙就能给人营造出一种贴近大自然的感觉，不需要太多其他装饰。

文化石的颜色也比较多，灰黑色的文化石用在简约大气的家居中也很适合，灰黑色的整片电视背景墙用线条简单的饰品进行点缀，整体非常搭，大气优雅。

电视背景墙上面裸露的文化石墙面很艺术，不会显得单调，和整个空间中的橘色调相一致。悬空的设计同样也带来了很不错的时尚感。中间还细心地掏空做成壁炉，好看又实用。

第四章

多彩多姿的壁纸背景墙

01 壁纸装饰背景墙的特点

一、画龙点睛，展示室内空间不同质感

壁纸是室内空间设计上经常会使用到的材料，从各式花色到不同材质，无论是营造古典气氛或现代波普风，壁纸都扮演着重要的角色。壁纸除拥有色彩、图案多样，方便营造气氛的好处外，还有材质丰富的特点，铜、铝、丝、藤等皆可入材，可为空间提供更多的质感。

另外，相较于粉刷，壁纸施工快，就算是较粗糙的墙面，也可利用厚底的壁纸来掩饰，装修出平整的质感，相对省事得多。

壁纸除适用在墙面上外，作为门或家具的点缀，也能为空间增添不同的效果。例如，室内古典风格设计会用到较多宫廷感的壁纸、壁布或窗帘；而在商业空间中，可利用

壁纸的大胆图案，创造出抢眼的美感。

二、有多种类型可供选择

壁纸在分类上，从一般价格的机器输出印刷，到高级的手工制品都有。除一般印花壁纸、浮雕壁纸或绒面、缎面、丝面等不同材质的壁纸外，还可大致分类为纸面纸底、胶面纸底、胶面布底。其中，胶面壁纸可擦拭，表面较不易黏附灰尘，也较耐刮，适合用于有小孩子的空间。

三、局部使用营造气氛

壁纸在商业空间的使用上可以大胆些，但在家居空间，还是建议以粉刷为基础，然后将壁纸作点缀，应用在主墙面或儿童房、天花板，偏向装饰性主题表现。壁纸使用在局部墙面，可创造出古典、乡村、波普等不同风格。若主墙装饰要有度假风的感觉，可用壁纸带出休闲感，或使用丝质、皮质等高价位材料，丰富的花色、立体的表面都能经由光线折射呈现不凡的质感，为空间点缀气氛。

花色较复杂的壁纸一般多用于局部点缀，只选一面来发挥就好，能清楚呈现主题，空间也不会过于杂乱。

单一色彩壁纸若是素色系的白色、米色或粉色系，可大面积贴于空间墙面，若担心空间太无个性或太呆板，则可搭配较抢眼的饱和色系，如红、蓝、紫等，但原则与复杂图样壁纸相同，只选一面墙点缀，可让空间更有层次感。若想加强空间张力或延展性，则可将壁纸使用在电视背景墙上，让墙壁不再只是单一素色。

02 壁纸挑选有诀窍

一、各类壁纸比一比

名称	图示	特点	参考报价
树脂类壁纸		面层用胶来构成，也叫高分子材料。世界上 80% 以上的产品都属于这一类，是壁纸的一大分类。这类壁纸防水性能非常好，水分不会渗透到墙体里面去，属于隔离型防水	30 ~ 200 元 / 平方米
纯纸类壁纸		以纸为基材，经印花后压花而成，自然、舒适、无异味、环保性好，透气性能强。因为是纸质，所以有非常好的上色效果，适合染各种鲜艳颜色甚至工笔画。纸质不好的产品时间久了可能会略显泛黄	20 ~ 150 元 / 平方米

（续）

名称	图示	特点	参考报价
无纺布壁纸		以纯无纺布为基材，表面采用水性油墨印刷后涂上特殊材料，经特殊加工而成，具有吸音、不变形等优点，并且有强大的呼吸性能。因为其非常薄，施工起来非常容易，非常适合喜欢 DIY 的年轻人	50 元 / 平方米
织物类壁纸		以丝绸、麻、棉等编织物为原材料，其物理性状非常稳定，湿水后颜色变化也不大。所以这类产品在市场上也是非常地受欢迎，但相比无纺布类，价格较高	150 元 / 平方米
硅藻土壁纸		以硅藻土为原料制成，表面有无数细孔，可吸附、分解空气中的异味，具有调湿、除臭、隔热、防止细菌生长等功能。其有助于净化室内空气，达到改善居家环境，调理身体的效果	45 元 / 平方米
天然材料类壁纸		由天然的草木加工而成，自然古朴，具有保暖通风、吸音防潮的功能，给人带来返璞归真的体验。不足的是由于材料天然，铺装时接缝明显，不能精细平整	100 元 / 平方米
和纸类壁纸		和纸被称为“纸中之王”，与中国的宣纸有点像，非常耐用，几千年颜色和物理形状都不会发生变化。其给人以清新脱俗之感，并兼具防水防火性能，不过大多价格昂贵	1000 元 / 平方米

（续）

名称	图示	特点	参考报价
云母片类壁纸		云母是一种硅酸盐结晶，因此这类产品高雅有光泽感，加上很好的电绝缘性，相对来说导电性弱，安全系数高，既美观又实用，有小孩的家庭非常喜爱	150元/平方米
金银箔类壁纸		主要采用纯正的金、银、丝等高级面料制成表层，手工工艺精湛，贴金工艺考究，价值较高，并且防水防火，易于保养。因为有可能用高纯度的铜、铝来代替金银，因此价格较低的产品很可能会被氧化产生变色	250元/平方米
墙布类壁纸		墙布的概念比较广，其特点主要是面层相对厚重，一种是面层比较厚，浓度比较高的树脂类的材料；另外一种就是纯天然的材质。其给人感觉结实耐用，要注意的是不宜使用在卧室等休息的场所，以免让人压抑紧张	300元/平方米

二、壁纸和壁布的比较

性能	墙纸	壁布
透气性	透气性较低，如果墙面没干透，水分会被封在墙内，容易导致开裂、发霉	布的透气性高，可排出墙内的潮气，不容易造成墙面开裂、发霉
有无缝隙	由于是竖铺，每两片的衔接处都会留有缝隙	由于是横铺，不存在缝隙。但如果是别墅、复式楼等比较高的墙面，接缝处比墙纸明显

（续）

性能	墙纸	壁布
是否起翘	因为有缝隙，所以日后容易起翘	没有缝隙，所以不存在起翘的问题
损耗大小	是所在建材中损耗较高的一种，如果铺设方法不当，损耗更是惊人	损耗少。由于是定高 3 米，所以一个房间只用一块布。不过，门窗处的损耗比墙纸要大
抗拉性	较低，如果墙面腻子开裂，会被拉裂	韧性强，对墙面裂缝有遮盖、保护的作用
环保性	很多墙纸表面的油墨中都含有较多的有害物质	一般以棉、麻、涤、丝为材料，有害物质少

三、壁纸的选购诀窍

1. 看一看：看看壁纸是否平整，图案、花色是否均匀。

2. 闻一闻：若散发出刺鼻、不舒服的异味，最好不要选购。

3. 摸一摸：用手摸摸看，感觉质感、厚薄，若非设计上的褶皱或有气泡，要多加考虑。

4. 擦一擦：用湿布或橡皮擦擦拭样张，除检验清洁的容易度外，也可检查是否容易脱色。

03 壁纸背景墙的铺贴流程

一、贴壁纸过程图解

1. 准备工具（吊线、海绵、毛刷、裁纸刀、刮板、滚筒、卷尺及胶水桶等）。

2. 测量墙体的高度和宽度。

3. 调基膜与刷基膜。（基膜与水兑比为 1:1，如果墙体粗糙可适当增加基膜用量）

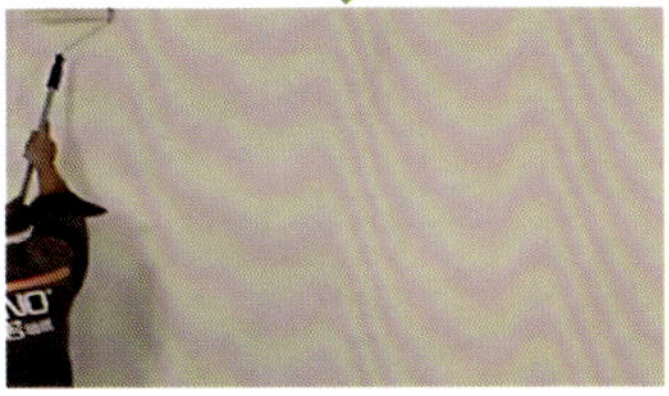

6. 墙面上胶。

5. 按使用说明调配胶水。

4. 裁墙纸。（对完花型再裁切）

7. 墙面贴墙纸。（开关处的壁纸尽量多余出些，到时候用裁刀裁掉，防止翘边）

8. 墙纸切边及气泡处埋。（如果出现气泡，可以用针刺破气泡，用刮刀沿着同一方向刮到拼合处）

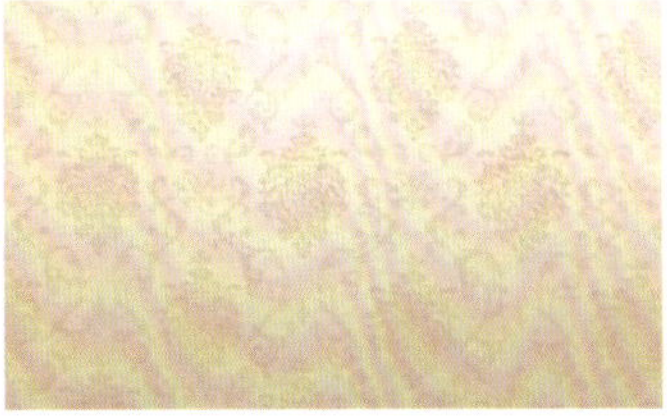

9. 墙纸阴干。（墙纸贴好后，需要关闭门窗，在封闭情况下三~五天，让墙纸自然阴干）

二、壁纸可直接重叠贴换

由于壁纸属于有实效性的空间材质，花色虽多样，但容易腻。更换时，不用撕下原壁纸，直接将新壁纸重叠贴换即可。但若原本已贴在墙上的壁纸颜色较深，要再重贴新壁纸时，颜色不要选太浅的，不然，表面易透出底下原来的旧壁纸图案，有碍美观。另外，若壁纸表面含有绒布或水晶材质，因表面不平整，则不可直接覆盖。此外，

若壁纸有损伤，通常修补的质感都不太好、也容易出现色差，所以最好每 2 ~ 3 年更换一次。

另外，虽然我国南方地区气候潮湿，但只要保持干燥，还是能维持壁纸寿命。建议家中选购性能较好的除湿机，最好每天保持除湿状态，平日可用吸尘器、除尘纸擦拭，若有污损，可视材质处理。防水材质可用清水或清洁剂掺水（清洁剂与清水比例为 1∶2）擦拭；非防水材质虽然做过防水处理，但是如果残留湿气过久，也会破坏表层防水漆，而损坏壁纸花色，所以建议最好以拧干的湿抹布轻轻擦拭，并马上擦干水汽。除此之外，由于部分壁纸、壁布易沾灰尘，家里若有过敏体质的成员，要注意清洁问题。

家装小贴士：

贴完壁纸 3 天内勿开冷气

粘贴壁纸时，一定要保持墙面的平整性，若表面不平整，贴出来的效果会不佳。此外，贴完壁纸后，3 天内尽量不要开冷气，让壁纸自然风干。若开冷气，等于让壁纸的粘着剂急速变干，这样壁纸容易出现裂痕或变硬而不完整。此外，墙面若有发霉、漏水，在施工前也应先处理好发霉、渗漏等问题，而后再粘贴壁纸。

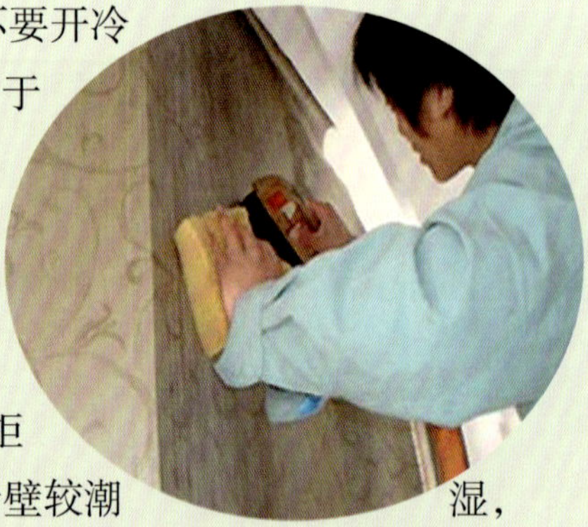

壁纸虽适合贴在柜面上，但若是木质柜本身的木材易出油则不适合。还有，若墙壁较潮湿，或会经常被触摸，也尽量不要使用壁纸，以免水汽、汗液令壁纸变质。被阳光直射的空间，选择壁纸时，也要挑不易褪色的款式。同时，留意壁纸的清洁方式，有的只能用干布擦拭，有的可用湿布擦，有的甚至能刷拭，购买时要问清楚所适合的清理方法。

04 设计师为您图解几款壁纸背景墙优秀设计

画龙点睛，展示室内空间不同质感

中式风格的客厅可以选择这样的中国风壁纸，毛笔字洋洋洒洒给人浓厚的五千年文化氛围。

普通的条纹壁纸原本是不起眼的，没有什么惊人的表现，但是装饰上这样一株木板树，整个背景墙就显得生动时尚了许多。

下图用此款壁纸装点美丽的居室，赋予空间无限的活力，给人以恬静的视觉享受。

壁纸与家居装饰是相互呼应起来的，当你不知道怎么选择合适的壁纸来打造电视背景墙时，就可以选用这样的方法。

用黑色系不规则线条壁纸装饰客厅电视背景墙，使整个居室的风格沉稳又不失灵动。

低调淡雅的玫瑰印花壁纸，可以用高调奢华来陪衬，不规则的镜子不仅美观也实用，还能扩大空间感。

壁纸的图案花样与茶几下的地毯近似，整体感颇强，细条的镜子装饰配合灯光效果，有种闪亮登场的感觉。

电视背景墙上的印花壁纸，仿佛是墙上装饰画的投影，远看还有些大理石的纹理质感，有种视觉的立体感。

部分的凹陷设计刚好挂上液晶电视，四周用花纹的壁纸装点一圈，更突出中间的简约视觉效果。

带有田园清新感的壁纸淡化了空间过于奢华的冷清感，镂空花纹的木板对称装饰在一旁，和谐自然。

摒弃你中规中矩的观念吧，将壁纸安排在一个不规则的框框里也很有美感不是吗？

小清新的碎花壁纸，连凹陷的收纳墙也做了点缀，整体看起来仿佛壁纸是本身存在于墙面内的一般。

拱门造型的背景墙，选用了素雅清淡的印花，自然融合于整体空间内。

客厅的整体色调是偏向淡雅的米黄色，因此，壁纸也迎合了这一风格。

带有光泽感的壁纸在视觉上能给人渐变的效果，海浪的线条图案带给人清爽和舒适的感觉。

很明显的地中海风格，电视背景墙自然也不能少了地中海特色，淡淡的紫色犹如薰衣草花田般浪漫，是法国地中海风格的经典用色。

完全一样的墙面实在太容易显得过于单调了，但是，如果你仍然坚持将家里铺满壁纸，并且固执地想要用壁纸来装饰电视背景墙的话，那么就选择色彩相近但风格全然不同的壁纸吧。

素雅的米黄色壁纸，带有图腾的花纹，简约又不失质感。

菱形的世界，从地板到电视柜到电视背景墙的装饰都用到了菱形的格纹元素。

用色彩划分出电视背景墙的区域，壁纸用黑色的边框框起来，挂上电视，营造一种墙面装饰画的效果。

第五章

新型材料硅藻泥

01 硅藻泥装饰背景墙的优缺点

一、什么是硅藻泥

硅藻泥是一种纯天然的室内功能性壁材，具有极强的物理吸附性和离子交换性，具有消除甲醛、调节湿度、杀菌消毒、防火阻燃、隔热降噪、除臭消味、墙面自洁、释放负氧离子等功能，用来替代墙纸和乳胶漆，适用于别墅、公寓、酒店、家居、医院等内墙装饰。

二、硅藻泥装饰背景墙的优点

1. 硅藻泥的微孔可以有效吸附电视机的电磁辐射（硅藻土制品很早就被用于核废料的处理，用来消除核辐射）。

2. 硅藻泥背景墙效果非常符合声学原理。硅藻泥的微孔和肌理具有双重降噪功能。硅藻泥的微孔能够吸音降噪，降低回响；而其凸凹的肌理能够对声音起到漫反射作用，让音乐更加迷人。这就是许多大剧院和会议厅用硅藻泥装修的原因。

3. 硅藻泥材料装饰的电视背景墙可以降低视觉疲劳。

4. 艺术性强。硅藻泥背景墙所表现出的艺术美和个性是其他材料无法比拟的，如土轮表现田园风格、陶纹表现的古典风格、如意表现的简欧风格等都能成为整个装修的点睛之笔。

5. 硅藻泥电视背景墙施工为全手工制作，可以根据客户需求做出不同的造型，也可以根据客户需求在施工时 DIY，将硅藻泥与其他工艺相结合，提高背景墙美感。甚至有的客户需要在墙面做上书法作品，也可以轻松完成。可以说，每一家的电视背景墙都是独一无二的。而且硅藻泥无毒环保，不含任何苯或甲醛，更是提高了装修的环保性。

三、硅藻泥装饰背景墙的缺点

1. 不耐脏

硅藻泥大多是淡雅的色调，在有小孩的家庭里很容易留下小孩玩耍的手印脚印等各种污迹，虽然网上有说用橡皮擦可以擦掉，但也有很多业主反映这方法并不见效。

2. 不能擦洗

瓷砖或者很多墙面漆都是防水的，家里墙壁脏了，可以用湿抹布直接擦拭，但是硅藻泥本身的结构是纳米的蜂窝状结构，他的吸附性要比活性炭高 300 倍，一旦用水擦拭可能就会直接吸附到分子结构中去，起不到清洁的作用。另外硅藻泥是“泥”，由于天性也是不能用水擦洗的，一旦墙面弄脏不能选择用水擦洗。

3. 不防水

硅藻泥由于其自身结构吸水性很强，但不防水，不能用于过于潮湿的地方，比如厨房卫生间这些地方容易潮湿不能使用硅藻泥装修，这是硅藻泥装修的局限性。

4. 要经常清理

硅藻泥本身能够吸附和分解空气中的灰尘等有害物质，如果长时间不进行清理，会把墙壁的颜色改变，令家居环境变得肮脏不堪，所以硅藻泥墙壁要经常清理。

5. 手感不佳

硅藻泥摸起来是比较粗糙，凹凸不平的，并没有油漆的光滑细腻，对于喜欢墙面摸起来光滑手感的人来说，硅藻泥就略显劣势。

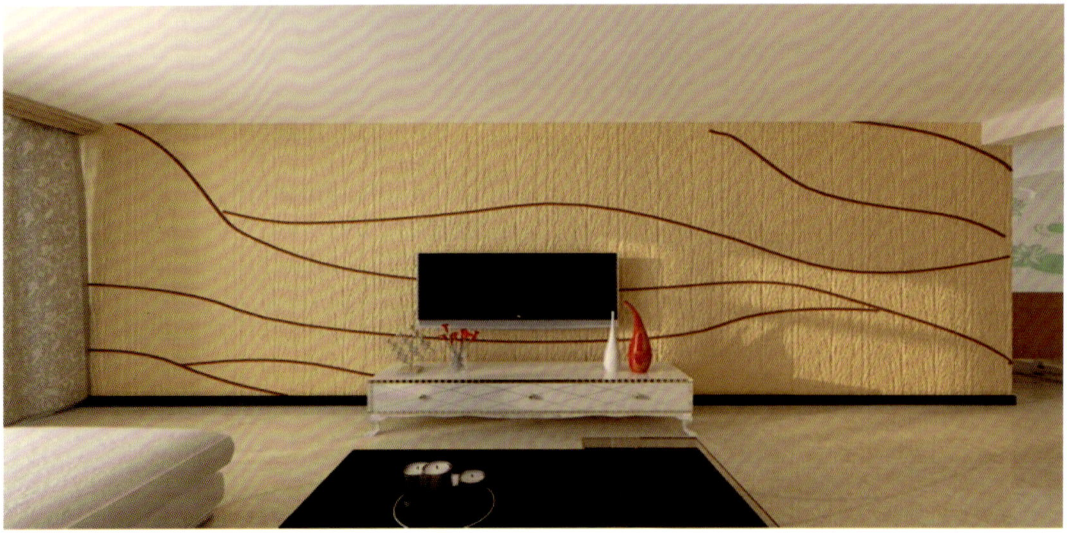

6. 花色不够丰富

与壁纸丰富的花色、活跃的色彩、多变的造型相比，硅藻泥肌理图案较为单调，不够丰富。

7. 硬度不好

硅藻泥毕竟是“泥”，其硬度与瓷砖等根本无法相比较，据网友反映用质量不好的硅藻泥被碰撞后还会碎成一块一块地掉下来。

8. 价格较贵

与乳胶漆等相比硅藻泥的价格比较高，一般在每平方米三四百元以上，普通工薪阶层出于经济情况都不会选择这么贵的材料进行家居装修，所以用网友的话来说那就是有钱人的玩意。

四、硅藻泥背景墙性价比表

	污染物	防火	调湿	降噪	色彩	装饰性	保养	负离子
墙纸	甲醛、重金属等	部分防火 / 均产烟	无	无	图案及色彩丰富	平面效果 / 色彩艳丽	易静电 / 不耐污	无
乳胶漆	VOC 等	部分防火 / 均产烟	无	无	色彩丰富	平面效果 / 色彩艳丽	易静电 / 不耐污	无
油漆	甲醛、苯、TDI、HDI 等	部分防火 / 均产烟	无	无	色彩丰富	平面效果 / 色彩艳丽	易静电 / 不耐污	无
硅藻泥	无，可吸收分解污染物	均防火 / 无烟雾	有	有	柔和、不褪色	可做立体 / 色彩柔和	无静电 / 不耐污	有

02 硅藻泥的鉴别方法大公开

一、硅藻泥的鉴别方法

目前市面上有许多打着硅藻泥的旗号在进行虚假宣传，其实他们所销售的都是腻子粉或者是添加了光触媒等化学制剂，这些硅藻泥全部添加了化学胶黏剂，不但不具有功能性，而且还会释放甲醛、苯等有害物质，造成新的污染。为了让消费者能够买到货真价实的产品，这里介绍一些简单易行的识别方法。

1. 看比重

网上有种说法（越轻越好。如果掺有大量石材，比重就很大，感觉很重，说明硅藻土含量低）。其实硅藻泥并非是越轻越好，因为硅藻土的含量是有严格要求的，而且硅藻土是硅藻矿物质经过加工粉化成末而成，主要看经过粉化的硅藻土施工到墙面之后是否具有吸附分解的功能。

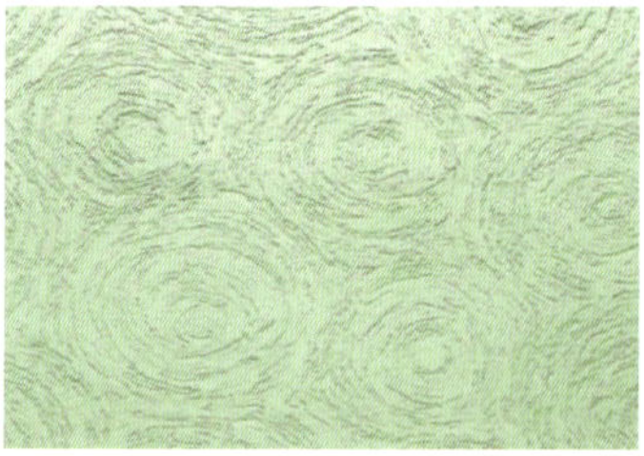

2. 看加水比例

调和时要加水，比例接近 1：1 最好。从实践上看，如果加水小于 0.5 的话，说明硅藻土的含量可能小于 20%。但是主要还是取决于做的基底是什么条件以及底材的材质。

3. 看材料的颜色

真正的硅藻泥壁材添加的是无机颜料，所以颜色为自然色，色彩柔和而不锐利。

4. 吸水性

吸水越快越多，说明硅藻泥呼吸功能越好，而呼吸功能是硅藻泥的最基本功能；如果很少吸水，说明硅藻土含量低或硅藻土微孔被堵塞，其硅藻泥呼吸功能较差。喷少量水后，用手去摸，不好的硅藻泥，会掉粉末或掉色，甚至可以和泥。水干后，不好的硅藻泥会留痕迹或掉色。

实际上据了解吸水率的高低是不能反映硅藻泥的好坏，因为吸水性太强的话墙面遇水粉化，容易对墙面造成损坏。而且硅藻泥墙面主要是透气不透水，体现在吸附、过滤的功能，对水有一定的排斥性。

5. 硅藻泥表面用湿抹布擦洗

好的硅藻泥，表面可以用湿抹布擦拭，注意不是擦洗。而不好的硅藻泥，擦拭时，表面会出现粉末或掉色。

6. 用喷火枪对着硅藻泥样板喷火

好的硅藻泥可以防火阻燃，是保温隔热材料，耐 1000℃多度高温。遇火难燃，不发烟，没有异味。

二、硅藻泥种类比一比

名称	图示	特点	参考报价
细颗粒硅藻泥		价格最便宜，施工方便，因加入贝壳粉末而有良好除菌效果。有分红、绿、棕、白、米、灰、奶油色等颜色可选	65 元 / 平方米

（续）

名称	图示	特点	参考报价
粗颗粒硅藻泥		最受欢迎的硅藻泥。加入硅藻石颗粒，因此除湿力是一般硅藻泥的 5 倍。以米色、米白和棕色最为普遍	100 元 / 平方米以上
黏土硅藻泥		因黏土粗细而质感有细致与粗犷之分。细黏土有 20 多种颜色可选，粗的以浅米色最受欢迎	68 元 / 平方米左右（细颗粒），108 元 / 平方米左右（粗颗粒）
稻草硅藻泥		加入稻草，带出复古味，因需加工，所以价格较高，有 20 多种颜色可选	100 元 / 平方米以上

03 硅藻泥背景墙怎么贴花

一、硅藻泥施工前基层处理

为了更好地应用本产品，就应了解和掌握一些基本的工程常识，为了防止一些墙壁的基底向外渗透污渍（如泛碱、析盐、生锈）或出现鼓包、裂纹等情况，也同时为了避免不同吸水率的基底材料可能会导致产生的色差，在硅藻泥壁材饰面施工之前必须对墙面基底进行预处理。

1. 毛坯房

一般的毛坯房按相关现行标准都已经在墙面批过耐水腻子。如果基面牢固、平整、洁净无浮尘，则可以直接施工硅藻泥壁材饰面。如果同一墙面使用了不同的墙体材料，材料吸水率可能会有较大差别，应用白色水性底油封底处理。

2. 旧墙

涂过浅色乳胶漆的旧墙面且无开裂、起鼓等现象可以参考毛坯房的方法进行。对于旧墙纸墙面应尽可能清除干净，如有裂缝应进行修补并用白色水性底漆作封底处理。

3. 新墙

所谓新墙就是指与装修同期施工的墙体。如纸面石膏板、轻质隔墙板、保温板、水泥压力板及各种砌块墙体的抹灰等，必须严格执行相关的施工规范，并用耐水腻子仔细刮平，但无须砂纸打磨。对于木板墙面、胶合板墙面须以白色油性底漆作封底处理。

二、硅藻泥背景墙贴花流程

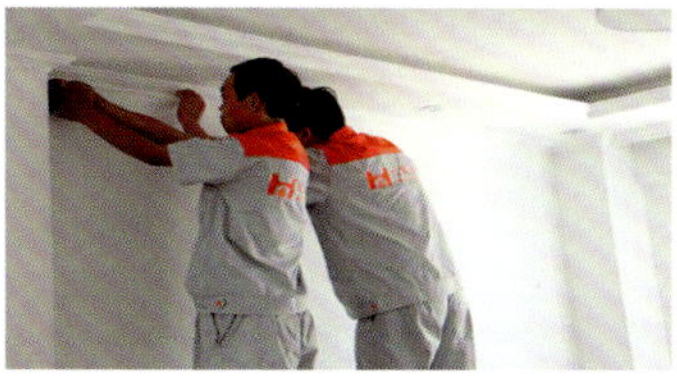
1. 排尺。

2. 贴条保护。

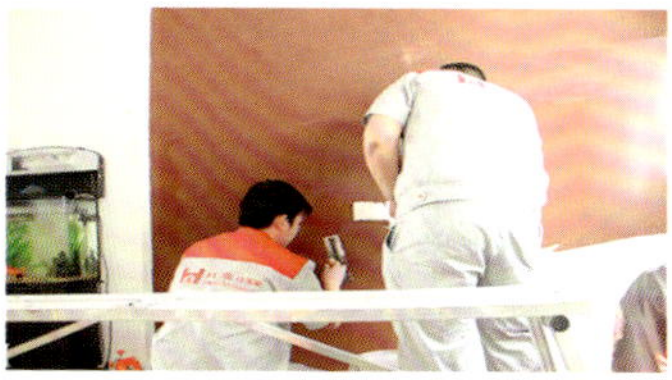
3. 批底。

4. 揭花。

5. 转印贴膜。

6. 墙面贴花。

7. 贴花整理。

8. 揭转印膜。

9. 墙体贴膜保护。

10. 花型处理。

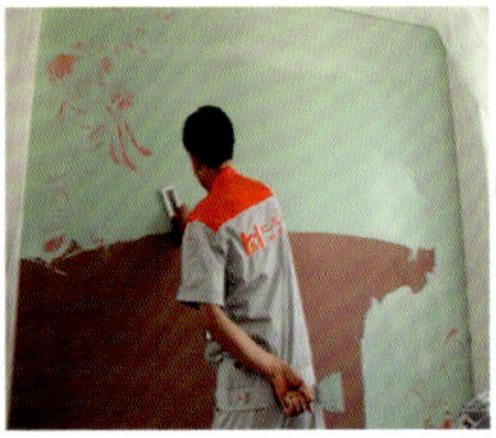

11. 抹料。

12. 清理。

04 设计师为您图解几款硅藻泥背景墙优秀设计

这一款硅藻泥电视背景墙效果图属于现代风格装饰，电视墙面的色彩看上较为柔和，但是墙面又有一道一道的凹痕，看上去十分有层次感，为硅藻泥电视墙增添了很多的韵味。

这一款硅藻泥电视背景墙属于欧式风格装修，硅藻泥墙面采用绿色与米白色的设计，与整体家居的白色形成一个较强的视觉冲击，在素雅的白色中为客厅注入了很多的激情元素，使客厅一下子充满了活力。

素色淡雅的硅藻背景墙时尚大方，与沙发的颜色搭配起来协调统一。

此款硅藻泥电视背景墙有很强的艺术感染力，泥巴色的背景，仿佛春天的泥土，让你感受到了自然界的气息。背景墙上的图案精美细致，体现了主人的个性与品位。

其实如果不想电视背景墙设计很繁复的话，这样的一个客厅电视背景墙装饰也是很不错的。

电视后面的背景墙是蓝色和白色的融合区，浪花型的图案，带来轻松明快的感觉。上方是隐身在墙中的壁灯，给本来比较暗的这一角带来了一线光明。

简洁明快的蓝色线条和几个大小不规则的圆圈组成了这款背景墙。在单调的白色墙面上简单地画上这几笔便使整个空间摆脱了死板和单调，所有的一切好像都被赋予了生命，充满生机。

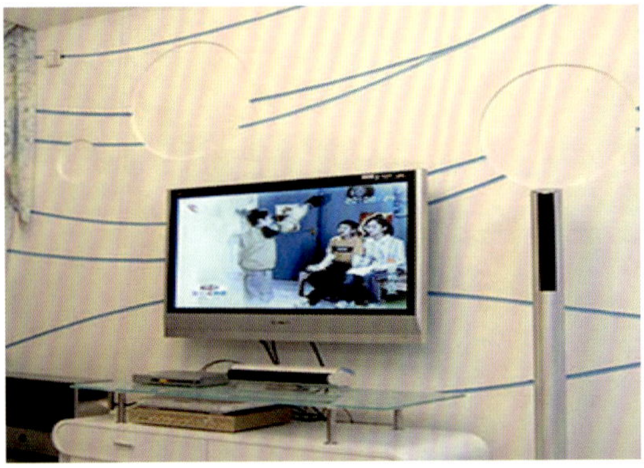

强调对于美感的关注，利用浓淡适宜的色调搭配，营造现代有品位的环境，也让居住者与空间产生相互依存。

由流动感的曲线和简单的花朵描绘的电视背景墙，使这个硅藻泥背景墙具有了灵动感。在白色沙发和白色地毯的衬托下，更使这个空间具有了韵律感。

第六章

不落俗套的玻璃、镜面电视背景墙

01 花样新奇的玻璃背景墙

你对玻璃的想象，还停留在常见的烤漆、透明或夹纸玻璃吗？现在，你可以尝试一下自行挑选布料或输出影像夹在双层玻璃中，或用手工雕刻和人像的精雕玻璃，定做个性化玻璃，装点你的空间。不过，价格却比常见平板玻璃或磨砂烤漆玻璃贵 1 倍以上。

一、不同种类的玻璃比一比

种类		特点	参考报价
平板玻璃		好的平板玻璃应是无色透明或稍带淡绿色；玻璃的薄厚应均匀，尺寸应规范；没有或少有气泡、结石和波筋、划痕等疵点	约 160 元 / 平方米
烤漆玻璃		用烤漆技术将玻璃上色，有多种色彩可选，亦带玻璃光泽	约 260 元 / 平方米
夹层玻璃		夹层玻璃又称夹胶玻璃，就是在两块玻璃之间夹进一层以聚乙烯醇缩丁醛为主要成分的 PVB 中间膜。玻璃即使碎裂，碎片也会被粘在薄膜上，破碎的玻璃表面仍保持整洁光滑。这就有效防止了碎片扎伤和穿透坠落事件的发生，确保了人身安全	约 380 元 / 平方米

（续）

种类		特点	参考报价
彩绘玻璃		彩绘玻璃是目前家居装修中运用较多的一种装饰玻璃。制作中，先用一种特制的胶绘制出各种图案，然后再用铅油描摹出分隔线，最后再用特制的胶状颜料在图案上着色。彩绘玻璃图案丰富亮丽，居室中彩绘玻璃的恰当运用，能较自如地创造出一种赏心悦目的和谐氛围，增添浪漫迷人的现代情调	约 500 元 / 平方米
雕刻玻璃		雕刻玻璃分为人工雕刻和电脑雕刻两种。其中人工雕刻利用娴熟刀法的深浅和转折配合，更能表现出玻璃的质感，使所绘图案给人呼之欲出的感受。雕刻玻璃是家居装修中很有品位的一种装饰玻璃，所绘图案一般都具有个性“创意”，反映着居室主人的情趣和追求	约 600 元 / 平方米
视飘玻璃		视飘玻璃是一种最新的高科技产品，是装饰玻璃在静止和无动感方面的一个大突破。顾名思义，它是在没有任何外力的情况下，本身的图案色彩随着观察者视角的改变而发生飘动，即随人的视线移动而带来玻璃图案的变化、色彩的改变，形成一种独特的视飘效果，使居室平添一种神秘的动感	1000 元 / 平方米以上
玻璃马赛克		具有色调柔和、朴实、典雅、美观大方、化学稳定性、冷热稳定性好等优点。而且还有不变色、不积尘、容重轻、粘结牢等特性，多用于室内局部、阳台外侧装饰	约 150 元 / 平方米

二、特殊玻璃的制作方式

烤漆玻璃制作方式分为磨砂、滚筒平板刷和高温烧釉三种。磨砂和滚筒平板刷，色泽容易磨损，且磨砂方式的色泽，随时间累积，有变色可能性。高温烧釉的色泽清丽且不会出现磨损和变色问题，但单价较高。精雕玻璃依图样复杂程度定价，普遍价格每平方米 2100 元。先用手工方式雕刻图像，再用高温烧釉完成，从下订单到取得成品，需要 10 个工作日。具磁性的白板玻璃，大多使用在儿童房，可当涂鸦墙。

三、特殊玻璃，价格比普通玻璃贵 1 倍

和传统亚克力白板最大不同处在于，亚克力材质无法用清洁剂清洁，但特殊玻璃可随意清洗，不会磨损表层。特殊玻璃装点小空间，能呈现个人风格，若要使用大尺寸，要留意运输时，大小尺寸是否便于运输。用整片玻璃取代大理石或板岩等石材墙面，价格较低廉。

其实玻璃本身原料成本并不贵，贵在加工部分。比方在双层玻璃中夹布料，就必须先测试布料本身是否具抗油抗水性，在烧制过程中还要留意时间或原料比例的控制，失败概率偏高，适合用在空间或家饰上，比如玻璃开关面板，可依客户需求订制，特殊且耐用。建议可以考虑居家空间的风格和特性，再挑选适当的花样或种类，让居家的整体空间感一致。

02 巧妙放大空间的壁面镜

室内空间有限时，运用镜子，是隐藏梁柱、延伸空间感最常见的手法。各式色调的镜子，可搭配不同装修素材，营造温暖或现代冷冽的氛围。不过，运用镜子得拿捏好贴覆的位置与面积的比例，若在房间内或对称墙贴满镜子，易产生过多重叠影像，使人感觉错乱，不使用于居家空间。

一、扩大空间感的重要元素

镜子会反射影像，可模糊空间虚实界线，常为扩大空间感的重要元素。城市住宅通常层高较矮，或有结构梁柱无法拆除的问题，若贴覆镜子于横梁或大型柱体上，借反射影像遮掩梁柱，同时加强视觉纵深，可缔造挑高宽敞的效果。

二、局部使用效果较好

此外，除了常见的明镜，亦有色泽各异的镜子，可搭配不同装修建材，例如，光泽温暖的茶镜，就很适合混搭原木色调的空间；而冷冽现代的住家，则可挑选灰镜、黑镜或明镜，混搭出摩登的味道。

不过，运用镜饰扩充空间感，并非越多越好。若房间内四周或对称双侧墙面的位置，贴满大面镜子，会产生太多反射影像，宛如电梯内部空间，导致视觉压迫和错乱，故建议局部用于墙面。若家中有狭长走廊等非久待的场所，那么单、双侧贴镜则无妨，点缀壁灯还可营造华丽效果。还可于柜体背墙贴上镜饰，提升局部延伸视觉的效果，又不会过于夸张。

三、各类镜子比一比

种类		特点	参考报价
明镜		最常运用的镜子，价格最便宜	125 元 / 平方米起

（续）

种类		特点	参考报价
茶镜		反射光泽温暖，适合搭配木质装修	约 280 元 / 平方米
黑镜		色泽冷冽，适合局部用于现代空间	约 280 元 / 平方米
灰镜		搭配灰阶或金属光泽的现代空间，营造冷冽感	约 280 元 / 平方米
超白镜	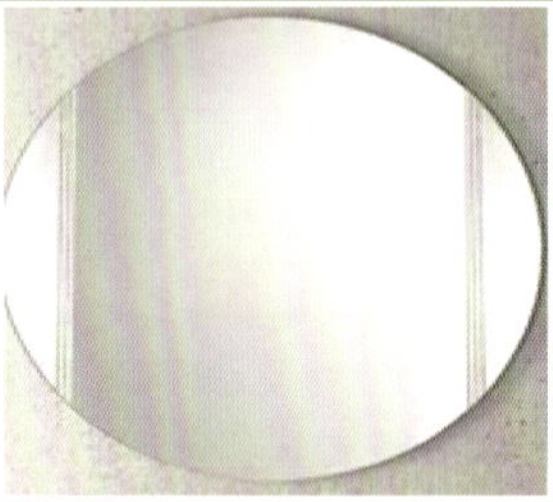	反射的影像与现实物品色调一致	约 280 元 / 平方米
色镜		色彩种类多，但反射效果较弱，适合局部使用	约 280 元 / 平方米

四、制作镜墙注意事项

1. 背材：有的墙面不适合直接粘贴镜子，包括轻钢架天花板、发泡材质、硅酸钙板及粉墙等，会不够牢固。

2. 水汽：直接贴镜子于浴室墙面，底部的防水涂料、弹性水泥，施工高度至少要到天花板。

3. 木质柜体：贴覆木质柜时，若柜体表面使用酸性涂料，会导致镜面快速氧化，缩短使用年限。

4. 施工面积：不适合贴覆房内所有墙面或对称墙位置，壁面反射影像过多而感觉错乱。

03 玻璃背景墙施工技巧与注意事项

Part1 玻璃背景墙施工技巧

一、基层处理

开始玻璃背景墙制作施工，首先是对墙面进行基本的处理，刮清腻子与批灰，要求墙面平整，干净没有浮土、灰尘，并涂好防潮层作保护。

二、选用九厘板打底

基层处理好后，为使装饰面板安装牢固且平整，可选择一面大芯板覆盖基层。根据设计尺寸，在欲安装玻璃背景墙的墙壁上钉入九厘板打底，要求钉位均匀安装牢固，整体紧贴墙壁效果平整。

三、玻璃板安装固定

将大芯板打底后，接下来粘贴玻璃板。根据设计画出粘贴区域，使用玻璃胶均匀涂于饰板背面，粘贴于大芯板上。对于体积重量较大的玻璃件，可根据情况追加镜钉保证安装牢固。

四、上墙电视挂钩打孔

背景墙安装好后，对于设计了电视机上墙的家庭，应尽量让玻璃避开电视的承重。如果要在玻璃上钻孔，其操作技术含量较高。因此在设计规划时，建议玻璃与其他材质搭配使用，计算好电视机固定架子的位置，在遮挡的地方用木板替换。

Part2　玻璃背景墙施工注意事项

一、注意玻璃背景墙光线

从设计规划开始，我们在设计背景墙装修风格的同时，也要注意客厅光线的运用，了解玻璃的材质与灯光设计是否容易导致光泛滥，阳台通光是否合适等等光线因素。

二、注意背景墙造型协调

与其他材质背景墙不同，玻璃背景墙必须通过造型设计以凸显其风格特点。单纯只有一面玻璃的设计是相当不合格的，这样既让人感觉生冷没有家庭温暖，长期居住灯光的强烈反射又会令人倍感疲惫，建议咨询专业家具设计师。

三、玻璃分件方便运输与安装

背景墙选择玻璃，其材质要厚实，要求玻璃用8厘以上的，因此建议选择玻璃分件。如果选用一整块玻璃，既不方便运输，又会为安装维护带来不少麻烦。

四、玻璃钻孔慢工出细活

玻璃是易碎品，一不小心就可能钻裂。在玻璃上进行钻孔，使用专门的玻璃钻花，斜口进刀并加自来水作缓冲，转速不能过快。进刀速度也不能过快，特别是快钻穿时，容易崩出缺口。钻完后，将钻花中玻璃碎清除再进行下一个钻孔。

04 设计师为您图解几款玻璃背景墙优秀设计

简欧式风格的客厅，个性时尚的装扮，十分惹人眼球。华丽逼人的蜡烛式吊灯，搭配白色简约的吊顶。白色的茶几桌，搭配土色花卉图案的地毯，给人高贵典雅的感觉。艺术玻璃印花式的电视背景墙，花卉图案原木色风格的电视柜，展现出了别致的魅力。

直切式拼镜电视背景造型简单美观，镜面采用直切斜格拼接，四周以金色相框镶边，华贵富丽，晶莹剔透。它的感光度非常好，能使整个空间无限增大，再摆放上高档的实木家具，灯光的照射下，柔和温馨，皇宫的华丽气息弥漫开来。

这款电视背景采用了磨边镜面拼镜造型，六边形叠加规则图案是立体感强烈，磨边的浅灰色镜面拼接缝隙突出，风格特点明显，镜面以白色实木包边，和白色欧式电视柜、茶几形成统一体，整体效果高贵典雅，色彩和谐。

低调实用的家居布置设计搭配上简单低价的房间家具，整个空间塑造出一种清幽静谧的感觉。大块的条形玻璃，与天花板的设计相呼应，艺术气息十足。